Kazuo Murakami

Der göttliche Code des Lebens

Kazuo Murakami

CODE DES LEBENS
DER GÖTTLICHE

Ein neues Verständnis der Genetik

Aus dem Amerikanischen von Anja Schmidtke

//////////////////////// SILBERSCHNUR ////////////////////////

ISBN 978-3-89845-226-7

1. Auflage 2008

Übersetzung: Anja Schmidtke
Gestaltung & Satz: XPresentation, Boppard
Druck: Finidr, s.r.o. Cesky Tesin

Verlag »Die Silberschnur« GmbH · Steinstraße 1 · D-56593 Güllesheim
www.silberschnur.de · Email: info@silberschnur.de

INHALTSVERZEICHNIS

VORWORT

An meine Leserinnen und Leser

Im Oktober 2004 wurde ich gemeinsam mit neun anderen Wissenschaftlern und Visionären zum "Dialog zwischen Buddhismus und Wissenschaft" eingeladen, einer alle zwei Jahre stattfindenden Zusammenkunft mit dem Dalai Lama als Gastgeber an seinem Wohnsitz im indischen Dharamsala. Der Dalai Lama hatte von meinen Forschungen gelesen, wie das Lachen die Gene beeinflusst, und sich sehr dafür interessiert. Auch der Schauspieler Richard Gere, der als Gast anwesend war, zeigte großes Interesse an meiner Präsentation. Dieses Buch beinhaltet fast alles, was wir auf dieser Zusammenkunft erörterten.

Die biowissenschaftliche Forschung macht erstaunlich schnelle Fortschritte und übersteigt sogar die Erwartungen derjenigen, die in diesem Bereich beschäftigt sind. Erst vor wenigen Jahren wurde das menschliche Genom vollständig entschlüsselt. Wir verfügen nun über die notwendigen Wege und Mittel, um den genetischen Entwurf des menschlichen Körpers zu lesen. Anfangs waren wir überzeugt, mit dem Knacken des Gencodes könnten wir das Geheimnis des Lebens entschlüsseln, aber dann wurde uns zunehmend klar, dass das Leben nicht so einfach gestrickt ist. Je gründlicher wir auch nur eine einzelne Zelle erforschen, desto mehr begreifen wir ihre immense Komplexität. Ich bin seit mehr als 40 Jahren in den Biowissenschaften tätig, wobei die zweite Hälfte davon ganz der Genforschung gehört. Das Ziel dieses Buches ist es, Ihnen die Inspiration, die Überraschungen und das Erstaunen zu schildern, die mir sowohl der Inhalt als auch der Verlauf dieser Forschungen gebracht haben, und Ihnen zu vermitteln, wie Sie einige dieser Erkenntnisse für Ihr eigenes Leben nutzen können.

Besonders zwei Punkte möchte ich Ihnen nahebringen. Der erste ist die bemerkenswerte Entdeckung, dass unsere Gene nicht unverrückbar sind, sondern dass sie sich als Reaktion auf verschiedene Faktoren verändern. Wie viele Menschen geben ihren Eltern die Schuld an ihren Schwächen und Unzulänglichkeiten, zum Beispiel an ihrer Unsportlichkeit? Es stimmt, dass die Vererbung Einfluss auf individuelle Eigenschaften und Fähigkeiten hat. Obwohl diese Wesenszüge genetisch weitergegeben werden, sind unsere Gene aber gleichzeitig auch mit einem Ein-/Aus-Schalter ausgestattet, durch den sich ihre Funktion verändern kann. Regelmäßiger Sport zum Beispiel schaltet gute Gene ein, die einen besseren Muskeltonus und bessere Gesundheit zur Folge haben, und schaltet gleichzeitig schädliche Gene aus.

Auch die Umwelt kann diesen Ein-/Aus-Mechanismus auslösen. Meinen Beobachtungen in der Forschung und meiner eigenen Erfahrung nach scheint eine andere Umgebung gute Gene anzuregen und das Potenzial eines Menschen freizusetzen. Noch erstaunlicher aber ist die Tatsache, dass der Ein-/Aus-Mechanismus durch die geistige Einstellung ausgelöst werden kann. Aktuelle Forschungen zeigen, dass unsere Denkweise unsere Gene aktivieren kann. Bei einem kürzlich von mir geleiteten Experiment, das ich später genauer beschreiben werde, kam heraus, dass bei Diabetikern nach dem Essen deutlich der Blutzuckerspiegel sank, wenn sie lachten. Daraufhin ermittelten wir spezifische Gene, die beim Lachen aktiviert werden, und bewiesen damit zum ersten Mal, dass positive Gefühle den genetischen Schalter umlegen können. Wenn wir herausfinden, wie positive Gene aktiviert und negative Gene deaktiviert werden können, könnten sich uns unendliche Möglichkeiten eröffnen, um das menschliche Potenzial zu entfalten.

Der zweite Punkt, den ich in diesem Buch erörtern werde, ist die Sichtweise eines Wissenschaftlers darauf, was all die Wunder um uns herum überhaupt möglich macht. Das Enzym-Hormon-System und die entsprechenden Gene, die den Bluthochdruck steuern, stehen im Mittelpunkt meiner Arbeit. Doch trotz fast einem ganzen Jahrhundert umfangreicher Forschungen zahlreicher fähiger Wissenschaftler bleibt immer noch selbst über diesen einzelnen Forschungsgegenstand vieles im Dunkeln. Der Mechanismus des Lebens ist ein erstaunliches Geheimnis. Man redet über das "Leben", als wäre es eine einfache Sache, doch kein einziger Mensch könnte rein durch bewusste Anstrengung überleben. All unsere Lebensfunktionen, die durch die selbsttätige Arbeit der Hormone und die automatische Funktion des Nervensystems reguliert werden, arbeiten einschließlich Atmung und Blutkreislauf in Vollzeit dafür, uns am Leben zu erhalten, ohne dass wir uns besonders dafür anstrengen oder etwas dazutun müssten. Kontrolliert werden diese lebensnotwendigen Systeme von unseren Genen, die in absoluter Harmonie zusammenarbeiten. Wenn eines beginnt zu arbeiten, reagiert ein anderes, indem es entweder seine Arbeit einstellt oder aber noch intensiver arbeitet, wodurch das gesamte System genau abgestimmt und reguliert wird.

Es scheint absolut unvorstellbar, dass eine derartige Ordnung rein zufällig entstehen könnte. Hinter der Harmonie unserer Welt muss etwas Größeres verborgen sein. Viele verwenden das Wort *Gott*, um diese Vorstellung zu beschreiben; als Wissenschaftler habe ich beschlossen, es "Etwas Großes" zu nennen. Obwohl es unsichtbar ist und mit unseren Sinnen nicht so einfach erfasst werden kann, bin ich mir, auch wenn ich in den Biowissenschaften arbeite, seiner Existenz ganz stark bewusst. Die Entschlüsselung des Gencodes ist eine ganz fantastische Leistung, noch fantastischer aber ist die Tatsache, dass dieser Code überhaupt in unseren Genen verschlüsselt wurde. Wir wissen, dass wir ihn nicht geschrieben haben, aber er kann nicht rein zufällig einfach so dastehen. Der darin enthaltene Gencode, der vom Volumen her Tausenden von Büchern entspricht, kontrolliert geheimnisvollerweise, aber zweifellos, den winzig kleinen Raum, den wir Zelle nennen.

Es liegt in der Natur des Menschen, das Unbekannte zu ergründen und das Unbegreifliche verstehen zu wollen. "Was gibt's Neues?" ist das ewige Mantra des Wissenschaftlers, und daran erkennt man, dass es das Schicksal der Wissenschaft ist, sich weiterzuentwickeln. So lange sich nichts an unserer grundlegenden Neugier ändert, wird die Wissenschaft weiter Fortschritte machen. Insbesondere neue Entwicklungen und Entdeckungen in den Biowissenschaften haben direkte Auswirkungen und führen zu neuen Technologien, verbesserten Viehzuchttechniken oder zur Entwicklung neuer Medikamente. Leider können Wissenschaft und Technologie aus Habgier und persönlichem Ehrgeiz leicht pervertiert werden. Wenn wir nicht einen Weg finden, um niedere menschliche Beweggründe zu kontrollieren, wird die Wissenschaft für immer ein zweischneidiges Schwert bleiben.

Das zentrale Thema in der Debatte über menschliche Klone ist gar nicht die Technologie selbst, sondern die menschliche Habgier. Wie weit sollen wir gehen? Darf man eine physische Kopie von sich selbst erschaffen, einfach nur, weil man es eben möchte? Wissenschaft und Technologie machen es möglich, aber es sind die Menschen, die entscheiden, ob es geschieht oder nicht, und meist basiert diese Entscheidung auf egoistischen Interessen. Wir sollten unsere Arroganz ablegen. Stattdessen sollten wir daran denken, dass das Leben, auch unser eigenes, ein Geschenk von "Etwas Großem" ist und nicht das Produkt menschlicher Einmischung oder Habgier.

Was wir brauchen, ist Selbstbeschränkung, die Fähigkeit, darauf zu verzichten, etwas Unnatürliches zu tun, auch wenn es technisch möglich ist. Selbstbeschränkung aber entspringt aus dem Wissen, dass wir nicht aus eigener Kraft oder auf Grund eigener Mittel leben, sondern durch die Gnade unzähliger anderer Lebewesen, die uns am Leben erhalten. Wenn wir voller Dankbarkeit und Anerkennung für dieses Geschenk leben, können wir unsere schlafenden Gene wecken und die Tür zu einer neuen, wunderbaren Lebensweise öffnen.

Als Gründer des Institute for the Study of the Mind-Gene Relationship betreibe ich Forschungen, um meine Hypothese zu beweisen, dass wir durch

Glück, Freude, Inspiration, Dankbarkeit und Gebet positive Gene aktivieren können. Das Ergebnis des oben erwähnten Experimentes zum Thema Lachen ist unsere erste Entdeckung. Im weiteren Verlauf könnten unsere Forschungen eine Erklärung für die von Buddha und Christus gelehrten Wahrheiten im Sinne des genetischen Ein-/Aus-Mechanismus liefern.

Hätte ich vor 20 Jahren die Aussage gewagt, dass positive Gefühle Gene aktivieren können, wäre ich als unwissenschaftlich verunglimpft worden, mittlerweile aber steigt die Zahl der Wissenschaftler, die meine Ansichten über die Macht des Geistes teilen. Inzwischen führen Wissenschaftler überall auf der Welt Experimente durch, um zu verstehen, wie psychologische Faktoren den Körper beeinflussen. Wir müssen die irrige Meinung aufgeben, dass der Geist nichts mit dem körperlichen Wohlbefinden zu tun hat. Bis dahin wird es schwierig sein, allein mit konventionellen wissenschaftlichen Methoden Krankheiten auszurotten. Als Wissenschaftler und Mitglieder einer internationalen Gemeinschaft müssen wir größere Anstrengungen und Ressourcen für die Erforschung des menschlichen Geistes aufwenden. Die Welt, in der wir heute leben, stellt uns vor viele Probleme, für die es keine einfachen Lösungen gibt. Es ist ungemein wichtig, dass Wissenschaft und Spiritualität zusammenarbeiten und sich gegenseitig ergänzen, wenn wir Antworten finden wollen. Ich hoffe, dass dieses Buch in dieser Hinsicht von Nutzen sein wird.

Auf meiner Suche nach Antworten hatte ich das Glück, vielen wunderbaren Menschen zu begegnen. Besonderen Dank schulde ich dem Nobelpreisträger und ehemaligen Rektor der Tsukuba-Universität, Reona Ezaki, und meinem lebenslangen Mentor und Professor im Ruhestand der Kyoto-Universität, Dr. Hisateru Mitsuda, für ihre langjährige Beratung und Wegbegleitung. Ich möchte diese Gelegenheit nutzen, um ihnen von Herzen zu danken.

Ich danke Seiner Heiligkeit dem Dalai Lama für seine Befürwortung meiner Forschungen. Auch Richard Cohn und Cynthia Black von Beyond Words Publishing gilt mein Dank sowie der Übersetzerin Cathy Hirano für ihre Unterstützung der Veröffentlichung dieses Buches. Die japanische

Ausgabe wurde mehr als 200.000-mal verkauft, und ich freue mich nun sehr auf die Reaktion der englisch- und deutschsprachigen Leserinnen und Leser auf meine Gedanken.

Kazuo Murakami

EINLEITUNG

Die aktuellen Fortschritte in der sich rasend schnell entwickelnden Genetik haben weltweit Aufmerksamkeit erregt. Die Entwicklung von gentechnisch verändertem Gemüse hat Bedenken ausgelöst, ob solche Nahrungsmittel sicher sind, während die Geburt eines Klonschafs und anderer Säugetiere eine Kontroverse über identische menschliche Klone entfacht hat.

Wir haben eine vorgefasste Meinung darüber, was "Gene" sind, tatsächlich aber wissen wir nur sehr wenig über sie. Noch vor wenigen Jahrzehnten war der Begriff *Vererbung* fast ein Synonym für Schicksal oder Vorsehung. Die von einer Generation zur nächsten weitergegebenen Eigenschaften wurden als unveränderlich betrachtet. Aussagen wie "Das ist vererbt, daran können Sie nichts ändern", drückten die Sinnlosigkeit eines Kampfes gegen das Unvermeidliche aus. Man ging davon aus, ein Kind musikalischer Eltern würde ebenfalls ein musikalisches Talent sein, während ein Kind diabeteskranker Eltern ein wesentlich höheres Diabetesrisiko hätte. Genauso war man der Überzeugung, Kinder übergewichtiger Eltern würden fettleibig werden und Kinder, deren Eltern Krebs hatten, würden wahrscheinlich ebenfalls daran sterben. Und noch immer werden solche Dinge häufig als unabwendbares Schicksal betrachtet.

Natürlich kann man mit großer Anstrengung eine bestimmte Fähigkeit herausbilden, und die Auswirkungen ungünstiger Gene kann man durch genaue Kontrollen abmildern, aber es war schon immer schwierig, mit jemandem zu argumentieren, der darauf besteht, dass ein bestimmter Wesenszug, ob gut oder schlecht, "vererbt" wurde. Die neuesten Genforschungen haben aber eine außergewöhnliche Entdeckung zutage gebracht. Da die Genetik die Erforschung des Lebens selbst ist, ist eigentlich jede neue Entdeckung außergewöhnlich, diese allerdings hat direkt mit Ihnen zu tun. Meine Experimente und die anderer Wissenschaftler haben gezeigt, dass die Umwelt und andere äußere Faktoren tatsächlich die Funktionsweise unserer Gene verändern können. Auf den Punkt gebracht wissen wir jetzt, dass schlafende Gene aktiviert werden können.

Wenn es um die Umwelt oder äußere Reize geht, denkt man eher in materiellen Begriffen, ich aber beziehe auch die psychologische Ebene mit ein. Die Auswirkungen psychologischer Stimuli oder Traumata auf unsere Gene – mit anderen Worten die Verbindung zwischen Genen und Geist – rücken zunehmend in den Blickpunkt des Interesses.

Zahlreiche Phänomene der uns umgebenden Welt weisen auf die Existenz dieser Verbindung hin. Ein schwerer Schock kann dazu führen, dass jemand an einem einzigen Tag vollständig ergraut. Umgekehrt kann ein Patient mit Krebs im Endstadium, dem gesagt wird, er habe nur noch wenige Monate zu leben, noch sechs Monate, ein Jahr oder viele Jahre weiterleben. Jemand, der nie geraucht hat, kann Lungenkrebs bekommen, während ein anderer, der täglich hundert Zigaretten geraucht hat, extrem gesund sein kann. Zwar kann zu viel Salz in der Nahrung Bluthochdruck verursachen, aber jemand, der gern salzig isst, kann durchaus einen normalen Blutdruck haben.

Wir wissen auch, dass Menschen unter Extrembedingungen übermenschliche Kräfte entwickeln können oder dass ein Student, der sich verliebt hat, plötzlich hart zu arbeiten anfängt und in seinem Studium herausragende Leistungen erbringt. Diese Dinge passieren ständig, und man hat zahlreiche Erklärungsgründe dafür gefunden. Im Grunde stehen alle diese Phänomene direkt mit der Funktionsweise unserer Gene in Verbindung. Das Ergebnis kann unterschiedlich ausfallen, je nachdem, welche Einstellung die jeweilige Person hat.

Dieses Potenzial sehen wir in unserer Umgebung überall, obwohl wir es vielleicht nicht als das erkennen, was es ist – die Macht des aktiven Geistes. Wir wissen zum Beispiel, dass sich die Eigenschaften einer Krebserkrankung verändern können, je nachdem, ob der Patient denkt: "Es wird mir wieder besser gehen" und sich mit aller Energie auf diese Überzeugung konzentriert, oder ob der Patient denkt: "Ich werde sterben" und sich vollständig aufgibt. Ganz ähnlich wird jemand mit starkem Bluthochdruck, der davon überzeugt ist, niedrigen Bluthochdruck zu haben, weniger Symptome aufweisen.

Zum jetzigen Zeitpunkt gehört das Konzept, dass diese Phänomene tief mit unseren Genen in Verbindung stehen, noch ins Reich der Hypothesen, es existieren aber Indizienbeweise, die es untermauern. Ich bin der Überzeugung, dass mit weiteren Forschungen in naher Zukunft die Auswirkungen unseres psychologischen Zustands auf unsere Gene aufgezeigt werden können.

Man muss aber nun nicht untätig auf diesen Tag warten. Wenn Wissen zu einem besseren Leben beitragen kann, sollten wir es jetzt schon nutzen. Mit diesem Ziel habe ich dieses Buch geschrieben – um Ihnen nützliche und faszinierende Erkenntnisse an die Hand zu geben, die ich aus meiner Arbeit mit den Genen gewonnen habe.

Das Wunder des Gencodes

Sie sorgen nicht nur für die Zellteilung und übertragen Merkmale von den Eltern zum Kind, sondern unsere Gene arbeiten unablässig auch auf einer wesentlich direkteren Ebene. Ohne die Arbeit unserer Gene könnten wir zum Beispiel nicht sprechen, sie sind wesentlich daran beteiligt, linguistische Informationen aus dem Gehirn zu entnehmen. Ihre Vermittlung ist notwendig, um Gegenstände hochzuheben, Klavier zu spielen oder was auch immer. Die Tatsache, dass wir nicht zu Schweinen oder Kühen werden, wenn wir Schweinefleisch oder

Rindfleisch essen, verdanken wir ebenfalls unseren Genen. Die Gene sind wesentlich direkter an den alltäglichen Vorgängen beteiligt als die meisten Menschen glauben.

Genauso faszinierend ist, dass trotz gemeinsamer Funktionsprinzipien durch die unendlichen Kombinationsmöglichkeiten der Gene dafür gesorgt ist, dass kein Wesen genau identisch mit einem anderen ist. Für jedes Kind existieren 70 Billionen mögliche Genkombinationen. Die Eheschließung einer schönen Frau mit einem geistvollen Mann ist deshalb keine Garantie für die Geburt eines gut aussehenden Genies. Eine schöne Schauspielerin soll einmal George Bernard Shaw einen Heiratsantrag gemacht haben, weil sie ein Kind mit ihrer Schönheit und seiner Intelligenz haben wollte. Der Dramatiker, wohlbekannt für seine sarkastische Ader, antwortete: "Und was wäre, wenn wir ein Kind mit Ihrem Verstand und meinem Aussehen bekämen?"

Sie können das Ganze auch so betrachten: Sie existieren, weil Sie einfach zufällig aus 70 Billionen Möglichkeiten ausgewählt wurden. So besonders sind Sie.

Das Bild hat aber noch andere Komponenten, die Wissenschaftler wie mich faszinieren. Wer schrieb eigentlich diesen unglaublichen Code? Menschen hätten den Gencode auf keinen Fall ersinnen können, aber bedeutet das, dass er einfach spontan entstand? Schließlich sind die zum Leben erforderlichen Grundstoffe in der Natur im Übermaß vorhanden.

Meiner Meinung nach kann das Leben nicht das Ergebnis reinen Zufalls sein. Wenn dem so wäre, müsste ein Auto sich spontan selbst montieren können, so lange alle erforderlichen Teile auf eine Stelle gelegt würden. Wir wissen, dass es so etwas nicht gibt. Es muss ein größeres Wesen dahinterstecken, eine Kraft, die das menschliche Verständnis übersteigt.

Seit mehr als zehn Jahren nenne ich das "Etwas Großes". Ich weiß nicht genau, was es ist, aber das Leben, das auf Grundlage eines immensen Entwurfs, der in einer winzigen Zelle Platz hat, ungemein gut funktioniert, ist ohne es einfach nicht vorstellbar.

In den Biowissenschaften hat man enorme Fortschritte gemacht, die es uns ermöglichen, die Geheimnisse des Lebens eines nach dem anderen zu enthüllen. Und dennoch wäre ein ganzes Team von Nobelpreisträgern nicht in der Lage, eine einzige Bakterie zu erschaffen. Die Erschaffung von Leben von Grund auf liegt jenseits unserer Fähigkeiten. Trotz unserer außergewöhnlichen technologischen Leistungen dürfen wir niemals vergessen, dass wir unser Leben den wunderbaren Kräften der Natur verdanken. Viele Menschen denken, "ein Baby zu machen" sei ganz einfach – eine ziemlich arrogante Denkweise. Die einzige Rolle, die wir dabei spielen, ist die, Leben die Möglichkeit zu geben, geboren zu werden, und diesem Leben, nachdem es geboren wurde, die Nahrung zu geben, die es zum Wachstum braucht. Kinder wachsen ganz natürlich nach den ausgefeilten Prinzipien des Lebens heran.

Das Thema Klonen

Als Reaktion darauf könnten nun einige Menschen fragen: "Und was ist mit dem Klonen?" Die Gentechnologie hat den Punkt erreicht, an dem wir echte Kopien höherer Tiere erschaffen können. Wir haben bereits Klone von Schafen und Affen erzeugt, im Labor wurden bereits menschliche Embryonen vervielfältigt. Die Geburt von Dolly, dem ersten geklonten Schaf, war ein bedeutsames Ereignis. Sie wurde ohne Hilfe eines Schafbocks aus einer Milchdrüsenzelle, keiner Fortpflanzungszelle, reproduziert, die nur selten aus einem ausgewachsenen Schaf entnommen werden kann. Bis zu jenem Zeitpunkt hatte man das für unmöglich gehalten. Als die Klone sich entwickelten, stellten wir fest, dass sie zahlreiche Gesundheitsprobleme hatten, durch die sich ihr Leben verkürzte, trotzdem aber waren sie echte genetische Kopien des ursprünglichen Tieres.

Welche Bedeutung hat das erfolgreiche Klonen höherer Tiere für die Biowissenschaften? Es bedeutet, dass theoretisch aus jeder beliebigen menschlichen Körperzelle die genetische Kopie eines Menschen erzeugt werden kann. Eine Zelle von Shigeo Nagashima zum Beispiel, einem berühmten japanischen Baseballspieler und Coach, könnte dazu verwendet werden, mehrere körperlich identische Individuen zu erschaffen.

Befruchtete Eier haben im Allgemeinen die Anlage, zu einem Individuum zu werden. Das bedeutet, dass die Zellteilung einen unabhängigen Organismus zur Folge haben wird. Gleichermaßen kann eine einzelne Zelle aus einem Pflanzenblatt zu einem beliebigen anderen Teil werden, deshalb wächst ein Steckling, den man in die Erde pflanzt, zu einer Pflanze heran. Anders als bei Pflanzen verlieren die befruchteten Eier von Tieren diese Fähigkeit aber in der Anfangsphase der Zellteilung. Daher ging man davon aus, dass man zwar niedere Organismen wie Frösche klonen konnte, aber niemals Säugetiere. Die Wissenschaftler waren der Meinung, dass die Zellen, sobald sie sich aufgeteilt hatten, nie mehr in ihren ursprünglichen Zustand zurückkehren konnten. Die Geburt von Dolly machte diese Auffassung vollständig zunichte.

Dolly wurde aus einer Milchdrüsenzelle erzeugt, die aus einem Mutterschaft entnommen worden war. Milchdrüsenzellen haben die Aufgabe, Milch zu produzieren, und normalerweise können sie nur das. In diesem Fall wurde der Zellkern, der die DNA enthält, extrahiert, in die Eizelle eines anderen Mutterschafs verpflanzt und in das Ersatzmutterschaf implantiert. Mittels äußerer Stimuli wie Elektroschocks am unbefruchteten Ei erlangte die Zelle wie ein befruchtetes Ei die Fähigkeit zur wiederholten Zellteilung zurück.

Der Klon eines Frosches oder einer Maus wäre schwerer von uns einzuschätzen gewesen, aber das erfolgreiche Klonen eines Schafes zeigte das Potenzial auf, diese Technologie auf Menschen anzuwenden. Beim Menschen bedeutet Klonen, ein Kind aus den Genen zweier Männer zu erzeugen. Es bedeutet außerdem, dass eine Karrierefrau, die sich nicht mit einer Schwangerschaft abgeben möchte, trotzdem ein Kind haben könnte. Technologisch liegen solche Dinge jetzt im Bereich des Möglichen.

Länder wie England, Deutschland und Dänemark sahen schon früh diese Möglichkeit voraus und führten Gesetze ein, die die Anwendung der Klontechnologie auf den Menschen verbieten. Viele andere Staaten weigern sich, die Erforschung des menschlichen Klonens finanziell zu unterstützen. Der Wunsch nach solchen Einschränkungen ist nur natürlich, weil eine solche Technologie, sobald sie einmal vorhanden ist, nur schwierig im Zaum zu halten sein wird. Es besteht immer die Möglichkeit, dass jemand einen Klon von sich haben möchte und dass ein anderer, der die Technologie besitzt, dieser Bitte nachkommen wird, ungeachtet irgendwelcher Gesetze oder Kosten.

Gleichzeitig ist die Debatte über das Klonen von Fehlinformationen durchsetzt. Auch wenn der Klon eines Frosches genau das zu sein scheint – eine identische Kopie – selbst wenn wir in der Lage wären, aus den Genen einer Person erfolgreich einen Klon zu erschaffen, würde das Kind nie eine genaue Nachbildung dieser Person werden. Adolf Hitler zum Beispiel wurde zu dem Mann, der er war, weil er in einer ganz bestimmten Umgebung und Zeit aufwuchs. Wäre er zu einer anderen Zeit an einem anderen Ort geboren worden, hätte er mit Sicherheit auch ein ganz anderes Leben geführt. Zwar wäre ein Klon von Hitler körperlich mit ihm identisch, aber in seiner Persönlichkeit würde er sich vollkommen anders entwickeln.

Aktivieren Sie gute Gene durch "genetisches Denken"

In Japan gibt es das Sprichwort "Krankheit entsteht im Geiste." Mit anderen Worten kann uns unsere Denkweise krank machen oder uns umgekehrt helfen, uns zu erholen. Und genau hier, das ist meine Überzeugung, kommen die Gene ins Spiel.

Was wir denken, beeinflusst die Funktionsweise unserer Gene, und das hat entweder Krankheit oder Gesundheit zur Folge. Einige Wissenschaftler meinen sogar, dass unsere Gene und ihre Funktionsweise bestimmen, ob wir ein glückliches Leben führen oder nicht. Das bedeutet nicht, dass das Glück eines Menschen bei der Geburt genetisch vorbestimmt ist. Gene, die Glück regulieren, müssen latent in jedem existieren.

Sie warten nur darauf, eingeschaltet zu werden. Was wir tun müssen, ist, sie zu aktivieren und so zum Arbeiten zu bringen, dass sie unser Leben positiv beeinflussen.

Soweit wir wissen, arbeiten lediglich fünf bis zehn Prozent unserer Gene; was der Rest macht, ist unbekannt. Mit anderen Worten sieht es so aus, als wäre der Großteil unserer Gene inaktiv. Die Tatsache, dass unser psychologischer Zustand die Funktionsweise unserer Gene verändern kann, liegt vielleicht tatsächlich daran, dass so viele Gene schlafen. Einige der Gene, die wir noch nicht verstehen, reagieren möglicherweise stark auf unseren geistigen Zustand.

Wie können wir dann bewirken, dass unsere Gene so arbeiten, dass wir glücklich sind? Die Antwort lautet: indem wir jeden Tag in vollen Zügen mit einer positiven Einstellung genießen. Meine Hypothese lautet, dass eine enthusiastische Sichtweise auf das Leben zum Erfolg führt und die Gene aktiviert, die uns Glück erfahren lassen. Im Leben läuft alles glatt, wenn wir eine positive Einstellung bewahren und voller Enthusiasmus und Lebensfreude sind. Ich nenne das ein Leben mit eingeschalteten Genen oder "genetisches Denken". Dieser geistige Zustand aktiviert gute Gene und deaktiviert schlechte. Wie das funktioniert, haben wir noch nicht vollständig verstanden, aber das populäre Konzept des "positiven Denkens" könnte mit diesem Prinzip im Zusammenhang stehen. Viele Menschen, die den Lauf der Geschichte verändert haben, hatten eine positive Lebenseinstellung.

Mir ist auch aufgefallen, dass viele japanische Wissenschaftler, die in Japan unproduktiv waren, plötzlich aufblühten und Großes leisteten, nachdem sie in die Vereinigten Staaten gezogen waren. In diesem Fall scheint die Veränderung der Umgebung ihre guten Gene aktiviert zu haben. Genau wie sie gewann auch ich Zuversicht und schuf meine Grundlagen als Wissenschaftler, als ich in den frühen Jahren meiner beruflichen Laufbahn in der Biochemie in die Vereinigten Staaten zog. Dort wandelte ich mich von einem unbedeutenden Niemand zu einem erfolgreichen Wissenschaftler. Der Umzug in ein neues Land verändert natürlich nicht die Gene einer Person, und manch einer wird darauf bestehen, dass die Veränderung lediglich an der neuen Umgebung lag. Die Konfrontation mit einer neuen Umgebung kann jedoch als Auslöser wirken, der schlafende Gene einschaltet. Die Vereinigten Staaten sind ein Land, in dem der "einsame Wolf" großen Erfolg haben kann. Wie beim japanischen Baseballspieler Hideo Nomo hat der Umzug nach Amerika auch die Gene vieler anderer Japaner aktiviert, die zu Hause einfach nicht "ins Bild passten". Durch die Arbeit in einer neuen Umgebung mit einer positiven Einstellung zeigt sich bei ihnen bald der Erfolg. Mit dem Erfolg werden ihre Leistungen anerkannt, und sie erhalten positive Verstärkung. Aber auch das Gegenteil kommt vor. Wissenschaftler, die sich als Versager sehen, haben kaum Erfolg. Ich kann mir nicht helfen, aber ich glaube, ihre Gene warten einfach nur darauf, aktiviert zu werden.

Heutzutage scheinen viele Menschen das Leben eher negativ zu sehen. Genetisch gesehen ist das für sie von Nachteil. "Ich sollte mich nicht überfressen", "Ich darf nicht so viel trinken", "Ich sollte mit dem Rauchen aufhören", "Ich muss meinen Salzkonsum reduzieren", "Ich sollte abnehmen" und "Ich sollte mich gesünder ernähren" sind Beispiele für Gedanken, die nicht dazu beitragen, dass gute Gene aktiviert werden. Mit anderen Worten: Obwohl diese Aussagen statistisch genau sind, kann die Überzeugung, dass sie alle für uns persönlich gelten, unnötigen Stress verursachen, der wiederum negative Auswirkungen auf unsere Gene haben könnte. Wir wissen nicht, ob diese Grundsätze für jeden Einzelnen zutreffen. So gibt es zum Beispiel keine schlüssigen Beweise dafür, dass ein Körperfettanteil von mehr als 25 Prozent für jeden schlecht ist. Rauchen soll Lungenkrebs verursachen, aber ein beträchtlicher Prozentsatz starker Raucher bekommt diese Krankheit nicht. Mit weiteren Forschungen über die Art und Weise, wie unsere Gene beeinflusst werden, hätten wir vielleicht ein klareres Bild. Letztendlich ist das, was "für einen gut ist", von der Einzelperson abhängig. Es mag sich extrem anhören, aber wenn Sie wirklich gern rauchen und andere Menschen damit nicht belästigen, brauchen Sie vielleicht gar nicht damit aufzuhören. Wenn Sie einen bestimmten Drink gerne mögen, genießen Sie ihn. Wenn Sie ein bestimmtes Essen lieben, essen Sie es. So lange es Sie nicht krank macht, können Sie es genießen. Es ist sogar möglich, mit Krebs zu leben.

Das Wichtige ist, so viele schädliche Gene abzuschalten wie möglich und stattdessen hilfreiche Gene zu aktivieren, sie dazu zu bringen, für Sie zu arbeiten. Der Schlüssel dazu ist Ihre Denkweise. Ich nenne diese Einstellung "genetisches Denken", und auf Grund meiner Forschungen und meiner Erfahrung bin ich zu der Überzeugung gelangt, dass dies eine wirkungsvolle Methode ist, um Ihre Gene zu beeinflussen und Ihr Leben zu verschönern.

I

DAS GEHEIMNIS DES LEBENS WIRD ENTSCHLÜSSELT

Zellen und Gene verstehen

Um zu verstehen, wie man die eigenen Gene beeinflussen kann, sehen wir uns zunächst einmal die Beziehung zwischen Zellen und Genen an. Unser Körper besteht aus einer riesigen Anzahl von Zellen. Die Anzahl der Zellen pro Kilogramm Körpergewicht beträgt etwa eine Billion, deshalb hat selbst ein Neugeborenes schon sage und schreibe drei Billionen Zellen. Jemand mit 60 Kilogramm Körpergewicht besteht aus ungefähr 60 Billionen Zellen. Diese Zahl allein ist schon verblüffend, aber noch erstaunlicher ist die Tatsache, dass mit ein paar Ausnahmen jede Zelle dieselben Gene enthält.

Der Körper besteht aus vielen Einzelteilen, die sehr unterschiedlich aussehen und funktionieren. Haare, Fingernägel und Haut scheinen nur wenig gemeinsam zu haben. Doch sie alle bestehen aus Zellen, die im Grunde dieselbe Struktur und Aufgabe haben. Zudem sind die Gene, die die Funktionsweise dieser Zellen bestimmen, ebenfalls identisch.

Lassen Sie mich die Zellstruktur einmal ganz einfach erläutern. Im Zentrum jeder Zelle liegt der Zellkern, der von einer Membran umgeben ist (siehe Abbildung 1). Im Zellkern befinden sich Gene. Wenn Sie Ihre Existenz bis zum Ursprung zurückverfolgen, werden Sie feststellen, dass Sie am Anfang eine einzelne Zelle (ein befruchtetes Ei) waren. Eine befruchtete Zelle teilt sich in zwei, zwei in vier, vier in acht, acht in 16 und so weiter. Irgendwann in diesem Prozess beginnen die Zellen sich zu differenzieren und zu spezialisieren – einige werden zu Händen, einige zu Beinen, wieder andere zu Gehirn oder Leber. Neun Monate lang teilen sie sich im Mutterleib fortwährend, bis das Baby zum Zeitpunkt der Geburt etwa drei Billionen Zellen hat.

Abbildung 1: Zellstruktur

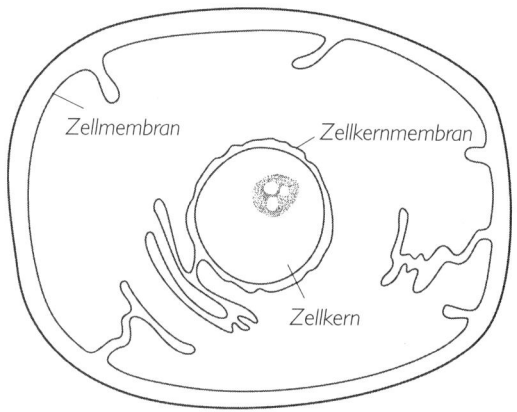

Natürlich geht die Zellteilung auch danach noch weiter, aber wir wollen uns mit den Genen befassen. Der Zellkern enthält Desoxyribonukleinsäure (DNA), die Substanz, die wir als Gene bezeichnen. Die DNA besteht aus zwei spiralförmigen Strängen, an deren Oberfläche Moleküle sitzen, deren Namen mit vier Buchstaben abgekürzt werden: A, T, C und G. Das ist unser Gencode, von dem angenommen wird, dass er alle lebensnotwendigen Informationen enthält. Der Kern einer einzelnen menschlichen Zelle enthält drei Milliarden dieser Buchstaben. Unser Leben hängt buchstäblich von der riesigen Informationsmenge ab, die in unserer DNA verschlüsselt ist.

Die Tatsache, dass die Informationen in einem einzelnen Gen mit den Informationen in jeder einzelnen der mehr als 60 Billionen individuellen Körperzellen identisch sind, bedeutet, dass jede Zelle, die irgendwo entnommen wird, dazu verwendet werden könnte, einen anderen Menschen zu erschaffen. Hier stellt sich allerdings eine grundlegende Frage. Wenn jede Zelle im menschlichen Körper alle lebensnotwendigen Informationen enthält, warum werden dann die Zellen in unseren Fingernägeln nur zu Fingernägeln, warum arbeiten die Zellen in unseren Haaren nur als Haare? Wäre es theoretisch nicht möglich, dass eine Haarzelle plötzlich beschließt, einmal für einen Tag den Job zu wechseln und eine Herzzelle zu sein, oder dass eine Herzzelle beschließt, zur Fingernagelzelle zu werden? Da jede Zelle einen vollständigen Datensatz enthält, verfügt sie von Natur aus über dieses Potenzial.

In der Realität passiert das aber nie. Man geht davon aus, dass die Gene in den Zellen unserer Fingernägel auf den "Nagelmodus" programmiert oder geschaltet und alle anderen Möglichkeiten deaktiviert oder abgeschaltet sind. Wir sind noch nicht dahintergekommen, wie genau dieser Mechanismus funktioniert, aber irgendwann im Prozess der Zellteilung eines befruchteten Eis kommen unsere Zellen zu irgendeiner Vereinbarung über die Arbeitsteilung. Danach befolgt jede Zelle gewissenhaft diese Regeln.

Der Ein-/Aus-Mechanismus

Die Gene in jedem Zellkern speichern eine riesige Menge an Informationen, darunter auch Anweisungen über die Funktionsweise in bestimmten Situationen und über den Zeitpunkt, wann die Arbeit eingestellt wird. Genetiker nennen diese Anweisungen den Ein-/Aus-Mechanismus. Wann schalten sich Gene, die in ihrer Zahl fast unendlich zu sein scheinen, ein oder aus? Einige werden nach einem bestimmten Zeitraum aktiviert. Ein gutes Beispiel hierfür sind die Gene, die in der Pubertät das Brustwachstum oder den Haarwuchs im Gesicht steuern. Wenn Kinder diese Phase erreichen, schalten sich bisher schlafende Gene ein, die die Hormonproduktion steuern. Als Ergebnis werden Jungen männlicher und Mädchen weiblicher.

Es wird angenommen, dass sowohl die Umgebung als auch unser emotionaler oder geistiger Zustand diesen Prozess beschleunigen oder verzögern können. Wie genau diese Wechselbeziehung aussieht ist noch nicht ganz klar. Viele Wissenschaftler erforschen, wie unsere Gene Charakter, Anlagen und Verhalten einer Person beeinflussen, während meine eigene Forschung sich darauf konzentriert, welchen Einfluss psychologische Faktoren auf die Gene haben. Einstweilen ist der Gedanke, dass der psychologische Einfluss eng mit diesem Ein-/Aus-Mechanismus unserer Gene verknüpft ist, nur eine Hypothese, aber ich bin der Überzeugung, dass er mit weiteren Forschungen bestätigt werden wird.

Die Tatsache allerdings, dass dieser Ein-/Aus-Mechanismus existiert, ist keine Hypothese mehr. Vor etwa 40 Jahren entdeckten die Wissenschaftler François Jacob und Jacques Monod vom Pasteur-Institut in Paris bei einem Experiment mit *E. coli*, einem Bakterium, das im Darm vorkommt, eine Funktion, die einem Ein-/Aus-Mechanismus sehr ähnlich war.

E. coli-Bakterien ernähren sich hauptsächlich von Glukose. Wenn Laktose und Glukose vorhanden sind, wählt das Bakterium ausschließlich Glukose. In diesem Experiment reagierte das Bakterium überhaupt nicht auf Laktose, als diese zusammen mit Glukose angeboten wurde. Im nächsten Schritt wurde nur Laktose gegeben. Zunächst fraßen die Bakterien nichts, aber nach kurzer Zeit begannen sie, die Laktose zu fressen und sich zu vermehren.

Dem Laien scheint das vollkommen nahe liegend zu sein, für einen Wissenschaftler aber ist es eine Offenbarung. Jacob und Monod hofften, mit ihrem Experiment herauszufinden, ob die Fähigkeit zur Verdauung von Laktose erst erworben wurde, nachdem die Bakterien Laktose erhalten hatten, oder ob sie von Anfang an vorhanden gewesen war. Nach vielen Untersuchungen kamen sie zu dem Schluss, dass sie bereits existierte und nicht neu erworben wurde. Mit anderen Worten verfügen *E. coli*-Bakterien von Natur aus über die Fähigkeit, Laktose abbauende Enzyme (Laktase) zu produzieren. Als Glukose verfügbar war, wurde das Enzyme produzierende Gen ausgeschaltet, aber als nur Laktose zur Verfügung stand und die Bakterien es verdauen mussten, um zu überleben, wurde das Gen aktiviert. Es war also nicht so, dass eine nicht vorhandene Fähigkeit spontan entstand, sondern dass eine bereits vorhandene einfach ruhte. Das war ein unglaublicher Durchbruch für die Genforschung.

Welcher Code steht in unseren Genen?

Lassen Sie mich kurz darstellen, wie unsere Gene arbeiten. Die Unmengen an Informationen in unseren Genen sind in den Zellen auf der DNA verschlüsselt, und das meine ich nicht metaphorisch.

Vor etwa 50 Jahren wurde eine bedeutsame Entdeckung gemacht: Alle Lebensformen haben denselben Gencode. Das bedeutet, dass alles – ob Schimmelpilze, *E. coli*-Bakterien, Pflanzen, Tiere oder Menschen – nach demselben Prinzip funktioniert. Die Grundeinheit jedes Lebewesens ist die Zelle, die Gene bestimmen die Zellfunktion und arbeiten nach gemeinsamen Prinzipien. Das ist der Beweis dafür, dass alle Lebensformen ursprünglich aus einer einzelnen Zelle stammen. Vielleicht fühlen sich deshalb so viele Menschen ruhig und ausgeglichen, wenn sie von Pflanzen und Bäumen umgeben sind, oder fühlen deshalb eine enge Verbindung zu Tieren, etwa Hunden und Katzen. Da alles ursprünglich derselben Quelle entspringt, sind wir alle miteinander verwandt.

Dieses Wissen half den Wissenschaftlern seither, viele Geheimnisse des Lebens zu lüften. Wir haben erfolgreich die menschlichen Gene entschlüsselt. Das wiederum führte zu weiteren unerwarteten Entdeckungen. Zum Beispiel wissen wir jetzt, wie klein unsere Gene eigentlich sind. Der menschliche Gencode, der aus über drei Milliarden "chemischer Buchstaben" besteht, ist in mikroskopisch kleinen Strängen gespeichert, die nur ein 200-Milliardstel eines Gramms wiegen und nur 1/500.000 Millimeter Durchmesser haben – und doch wären sie, wenn man sie aneinanderlegen würde, etwa drei Meter lang.

Wenn Sie einen Draht mit einem Millimeter Durchmesser längs in Einhundertstel-Scheiben schneiden könnten, kämen dabei Stränge heraus, die so fein wären, dass sie beim geringsten Luftstoß zerfallen würden, trotzdem aber wäre jeder immer noch 5.000-mal dicker als ein DNA-Strang. Um besser zu verstehen, wie winzig das ist, stellen Sie sich vor, Sie könnten die gesamte DNA der Weltbevölkerung von sechs Milliarden Menschen zusammentragen. Sie würde nur so viel wiegen wie ein einzelnes Reiskorn. Die Welt unserer Gene ist unendlich klein.

Lassen Sie mich noch ein paar relevante Fakten hinzufügen. Gene sind der Entwurf des Lebens, das Schlüsselelement, das es ermöglicht, Leben von einer Generation zur nächsten weiterzugeben, und Zellen sind die Grundeinheit aller Lebensformen. Wie in Abbildung 2 dargestellt hat die DNA als Grundlage eine lange, zweisträngige Kette aus einer komplexen Kombination einfacher Zucker und Phosphate. Charakteristisch ist die Form der beiden Stränge, eine rechtsgewundene, schraubenförmige Spirale, die einer Wendeltreppe ähnelt und als "Doppelhelix" bezeichnet wird. Diese Stränge haben in regelmäßigen Abständen "Treppenstufen", die aus vier Chemikalien aufgebaut sind. (Siehe Abbildung 2 auf Seite 29.)

Alle genetischen Informationen eines Organismus sind auf diesen "Treppenstufen" mit den vier "chemischen Buchstaben" A, T, C und G eingetragen, sie stehen für die Chemikalien Adenin, Thymin, Cytosin und Guanin. Die vier Chemikalien bilden Paare - Adenin und Thymin, Cytosin und Guanin -, die jeweils zusammen mit den beiden Zucker-Phosphat-Strängen die Form der Doppelhelix bilden. Das ist die DNA, unsere Gene. Die Informationen in unseren Genen entsprechen drei Milliarden dieser chemischen Buchstaben, die sich als Buch gedruckt auf 3.000 Ausgaben à 1.000 Seiten belaufen würden.

Dass die Struktur eines derart komplexen lebenden Organismus wie des Menschen von Informationen bestimmt wird, die in nur vier chemischen Buchstaben verschlüsselt sind, ist erstaunlich. Noch erstaunlicher aber ist die Tatsache, dass die grundlegende Genstruktur aller Lebensformen von der winzigen Mikrobe bis hin zum hochkomplexen Tier identisch ist. Tatsächlich sind mehr als 90 Prozent der menschlichen Gene mit den pflanzlichen Genen identisch. Einzellige Organismen wie Schimmelpilze oder *E. coli*-Bakterien funktionieren nach denselben Grundprinzipien wie Menschen, die aus mehr als 60 Billionen Zellen bestehen. Am erstaunlichsten aber ist die mikroskopische Größe der DNA, die diese ungeheure Menge an genetischen Informationen enthält.

Abbildung 2: Gen-(DNA-)Struktur

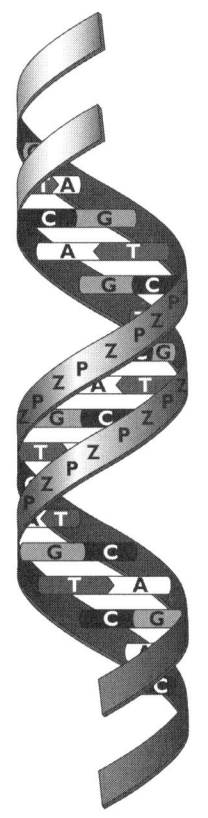

Die DNA ist eine Kombination aus vier Chemikalien – Adenin, Thymin, Cytosin und Guanin – plus zwei Strängen aus Zuckern und Phosphaten.

Adenin bildet mit Thymin und Cytosin mit Guanin jeweils ein Basispaar – die "Stufen" der als DNA bezeichneten "Wendeltreppe".

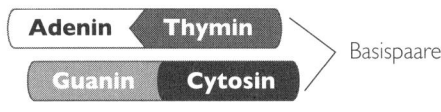
Basispaare

P = Phosphat
Z = Zucker (Deoxyribose)

Mit der DNA-Entschlüsselungstabelle können Proteine identifiziert werden

Als ich mit der Erforschung von Genen begann, kam ich aus dem Staunen überhaupt nicht mehr heraus. Egal welchen Aspekt der DNA ich mir anschaute – ich war überwältigt vom wunderbaren Wesen der Natur. Wie um alles in der Welt, fragte ich mich, konnte ein derart winziger, aber präziser Entwurf des Lebens erschaffen werden? Über solche Fragen sinnierte ich ständig nach.

Die DNA-Struktur wurde 1953 entdeckt, und seither sind die Forschungen mit dem Ziel, die Geheimnisse des Lebens zu entschlüsseln, so schnell vorangekommen, dass wir jetzt den Entwurf auf der DNA lesen können – den Gencode von Bakterien, Tieren und sogar Menschen.

Aber wie genau sieht dieser Code aus, und wie lässt er sich lesen? Der Gencode ist eine Anleitung zur Herstellung von Proteinen. Protein ist zusammen mit Wasser eine der wichtigsten Substanzen in unserem Körper. Es ist nicht nur ein strukturelles Element, sondern es ist auch in den Enzymen vorhanden, die für die in uns stattfindenden chemischen Reaktionen unabdingbar sind. Mit anderen Worten ist Protein der Grundbaustein des Phänomens, das wir Leben nennen.

Proteine bestehen aus 20 verschiedenen Aminosäurearten. Die Art des hergestellten Proteins hängt davon ab, wie diese Aminosäuren miteinander kombiniert werden. Die DNA liefert die Anweisungen zur Herstellung und Reihenfolge der 20 Aminosäurearten. Die chemischen Paare, aus denen die Treppenstufen bestehen, fügen sich zu dreibuchstabigen "Wörtern" zusammen. Da Adenin (A) stets mit Thymin (T) ein Paar bildet und Cytosin (C) mit Guanin (G) – obwohl sie manchmal von AT zu TA oder von CG zu GC "umspringen" –, nennen wir die "Wörter" nur beim ersten Buchstaben des Paars. Im dreibuchstabigen "Wort" ATG zum Beispiel ist A der erste, T der zweite und G der dritte Buchstabe, wenn wir die Treppenstufen hinaufsteigen. Der Entschlüsselungstabelle in Abbildung 3 entsprechend beinhaltet diese Kombination Anweisungen zur Herstellung der Aminosäure Methionin. Die Identifizierung einer bestimmten Aminosäure aus Dreiergruppen der chemischen Basen A, T, C und G wird als Lesen des Gencodes bezeichnet.

Die vier chemischen Buchstaben A, T, C und G sind wie das Alphabet, die daraus kombinierten dreibuchstabigen Aminosäurebezeichnungen (Dreiergruppen) sind wie die Wörter in einem Wörterbuch. Die Aminosäure Glutamin zum Beispiel drückt sich mit dem "Wort" GAA oder GAG aus. Mit der Tabelle in Abbildung 3 können wir theoretisch die genetischen Informationen jedes Lebewesens entschlüsseln.

Abbildung 3: DNA-Entschlüsselungstabelle

Erster	Zweiter Buchstabe				Dritter
Buchstabe	T	C	A	G	Buchstabe
T	Phenylalanin	Serin	Tyrosin	Cystein	T
	Phenylalanin	Serin	Tyrosin	Cystein	C
	Leucin	Serin	Stopp	Stopp	A
	Leucin	Serin	Stopp	Tryptophan	G
C	Leucin	Prolin	Histidin	Arginin	T
	Leucin	Prolin	Histidin	Arginin	C
	Leucin	Prolin	Glutamin	Arginin	A
	Leucin	Prolin	Glutamin	Arginin	G
A	Isoleucin	Threonin	Asparagin	Serin	T
	Isoleucin	Threonin	Asparagin	Serin	C
	Isoleucin	Threonin	Lysin	Arginin	A
	Methionin (Start)	Threonin	Lysin	Arginin	G
G	Valin	Alanin	Asparaginsäure	Glycin	T
	Valin	Alanin	Asparaginsäure	Glycin	C
	Valin	Alanin	Glutaminsäure	Glycin	A
	Valin (Start)	Alanin	Glutaminsäure	Glycin	G

Eine Dreiergruppe aus den vier Basen (T, C, A und G) beschreibt eine Aminosäure.

Zur Vereinfachung stellen Sie sich vor, dass sich in jeder Zelle eine Bibliothek befindet. Wenn eine Zelle etwas tun möchte, geht sie in die Bibliothek, erfährt dort, wann, was und wie sie es tun muss und beginnt dann, die Aufgabe den Anweisungen entsprechend zu erfüllen. Das Buch sind unsere Gene oder unsere DNA, sein Inhalt sind die genetischen Informationen.

Aber ein Buch ist nur ein Buch. Egal was für ein köstliches Rezept darin steht, es kann unseren Hunger nicht stillen. Wenn wir nicht das Rezept befolgen und eine Mahlzeit daraus zubereiten, bleibt es nur ein Bild im Buch. Zu diesem Zeitpunkt kommt der Koch, der Botenstoff RNA (Ribonukleinsäure), ins Spiel. Die Boten-RNA geht zur DNA, kopiert die dortigen Informationen in einem als "Transkription" bezeichneten Prozess und stellt auf der Grundlage dieser Kopie mit Aminosäuren als Zutat Proteine her. Die Proteine übernehmen dann die Arbeit der Zelle.

Gene, die den Ein-/Aus-Schalter steuern

Um den Ein-/Aus-Mechanismus zu verstehen, muss man sich zunächst die wichtige Rolle der Proteine ansehen. Proteine sind der grundlegendste Baustein jedes Lebewesens. Sie sind ein wesentlicher Bestandteil unserer Nahrung und werden in der Ernährungswissenschaft zusammen mit Fett und Kohlenhydraten als einer der drei Makronährstoffe bezeichnet. Wie stehen diese drei miteinander in Beziehung?

Stellen Sie sich ein Haus vor. Fundament, Baumaterial und Möbel – alles, was eine definierbare Form hat – bestehen ausnahmslos aus Proteinen. Fette füllen die Lücken im Baumaterial aus und schützen die Struktur. Kohlenhydrate liefern genau wie Strom und Gas Energie.

Zu leben bedeutet, in diesem Haus zu wohnen. Auch wenn wir einen Vorrat an Strom, Gas und Wärmedämmstoff haben, der zum Füllen der Lücken notwendig ist, ergeben diese drei allein noch kein Haus. Erst einmal brauchen wir die Steine für das Fundament und das Bauholz für die Pfosten, die Balken, den Boden und die Baustoffe für die Wände. Diese Funktion übernehmen die Proteine. Proteine bilden nicht nur Gerüst, Böden und Wände des Hauses, sondern auch die Haushaltsgeräte darin, etwa Staubsauger und Waschmaschine sowie Kochtöpfe, Küchengeräte und Geschirr.

Unsere Gene entscheiden über die Art der Proteine und ihre Menge. Die Zutaten für ihre Herstellung sind die Aminosäuren. Unser Körper kann 12 der insgesamt 20 Aminosäurearten selbst herstellen. Die restlichen acht müssen von außen zugeführt werden. Diese acht sind als essenzielle Aminosäuren bekannt. Ein Protein ist eine bestimmte Kombination aus Aminosäuren. Die Aminosäurenkombination des Fleisches von Schweinen oder Rindern zum Beispiel sieht anders aus als beim Menschen. Aus diesem Grund müssen wir Schweine- oder Rindfleisch erst in Aminosäuren aufspalten und sie dann den Anweisungen unserer Gene entsprechend in die notwendigen Proteine für Knochen, Muskeln, Haut und Organe umwandeln. Außerdem scheidet unser Körper wichtige Hormone und Enzyme aus. Fast alle davon sind ebenfalls Proteine.

Darüber hinaus sind Proteine ein wichtiger Bestandteil des genetischen Ein-/Aus-Mechanismus. Um zu erläutern, wie dieser Mechanismus funktioniert, damit Sie sehen, wie durch ihn Ihre schlafenden Gene geweckt werden, möchte ich noch einmal das bereits beschriebene Experiment von Jacob und Monod mit den *E. coli*-Bakterien und der Laktose heranziehen. Abbildung 4 zeigt die Veränderung, als *E. coli*-Bakterien von Glukose zu Laktose übergingen. Die obere Hälfte von Abbildung A zeigt das Bakterium, als es Glukose angeboten bekommt. Wenn Glukose vorhanden ist, wird ein bestimmtes hemmendes Protein (Repressor), das von einem Regulator-Gen produziert wurde, an den Teil des Gens angehängt, das mit dem Lesen der genetischen Informationen beginnt (Operator), und hält es so davon ab, die genetischen Informationen über diesen Punkt hinaus zu lesen. Mit anderen Worten: Das Gen wird abgeschaltet.

Man könnte das damit vergleichen, wie im Laden Bücher in Plastik eingeschweißt werden, um zu verhindern, dass die Kunden die Bücher vor dem Kauf lesen. Auch wenn Sie das Buch finden, das Sie gesucht haben, können Sie es nicht öffnen und lesen, außer wenn Sie die Plastikhülle entfernen. Das Buch ist da, kann aber nicht gelesen werden, ganz wie die Anweisungen zum Laktoseabbau in den oben beschriebenen Bakterien-Genen. Wenn aber keine Glukose mehr verfügbar ist und die Bakterien gezwungen sind, Laktose zu fressen, um ihre Nährstoffe zu erhalten, verändern sich die Gene wie in der unteren Hälfte in Abbildung B gezeigt und ermöglichen so das Lesen der Informationen. Unter B verbindet sich der Repressor mit Laktose, um den Operator nicht mehr zu hemmen, und ermöglicht so die Produktion von Laktase. In unserer Analogie mit dem Buchladen wurde die Plastikhülle vom "Buch" entfernt, so dass es jetzt gelesen werden kann, das Gen ist nun also eingeschaltet. (Siehe Abbildung 4 auf Seite 35.)

Obwohl also die Gene mit Unmengen von Informationen ausgestattet sind, werden diese nicht vollständig genutzt. Die Gene im Zellkern werden an jede Boten-RNA übertragen, wenn sie gebraucht werden. Die Boten-RNA in den Zellen wird sofort in Proteine und Enzyme übersetzt, die wichtigsten Substanzen für die Zellaktivität. Gleichzeitig verhindert sie aber auch, dass unnötige Informationen gelesen werden. Diese Funktion kann man mit einem Geräteschalter vergleichen, weshalb die Genetiker sie auch irgendwann als Ein-/Aus-Mechanismus bezeichneten. Das Glukose-/Laktose-Experiment bewies zum ersten Mal, dass Gene von Natur aus über diese Funktion verfügen.

Die Tatsache, dass bestimmte Fähigkeiten nicht spontan aus dem Nichts heraus entstehen, sondern vielmehr latent in unseren Genen vorhanden sind, war eine bahnbrechende Entdeckung. Zur Erklärung dieses Phänomens brachten Jacob und Monod die Hypothese vor, dass es Struktur-Gene gibt, die Proteine herstellen, sowie Regulator-Gene, die das Gen ein- oder ausschalten. Diese Hypothese wurde schließlich bewiesen und ist als Operon-Theorie bekannt. 1965 erhielten Jacob und Monod gemeinsam mit André M. Lwoff als Anerkennung für ihre wissenschaftliche Leistung den Nobelpreis für Physiologie oder Medizin. Dank ihrer Pionierarbeit sind wir mit der Analyse des Potenzials der Gene schon wesentlich weiter gekommen und sind, was meine Arbeit angeht, dem Mechanismus schon viel näher gekommen, wie wir unsere guten Gene aktivieren und für uns einsetzen können.

Abbildung 4: Der genetische Ein-/Aus-Mechanismus

A. GLUKOSE VERFÜGBAR

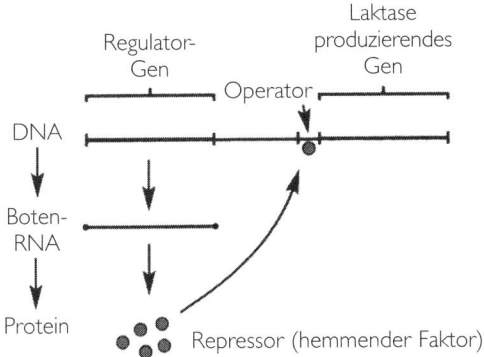

B. LAKTOSE VERFÜGBAR, GLUKOSE NICHT VORHANDEN

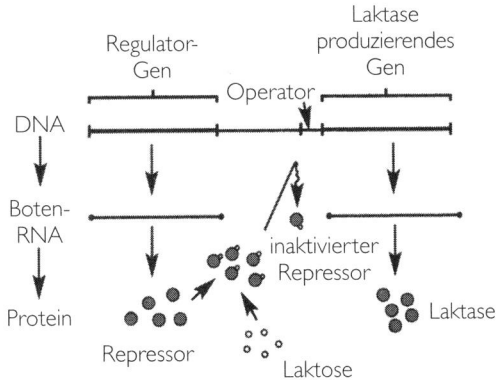

In uns finden ständig chemische Reaktionen statt

Viele Menschen nehmen irrtümlicherweise an, dass Gene lediglich von den Eltern an das Kind weitergegeben werden und nicht viel mit dem täglichen Leben zu tun haben. Weit gefehlt! Gene sind in jeder Minute, jeder Sekunde unseres Lebens aktiv – wenn sie ihre Arbeit einstellen würden, würden wir auf der Stelle sterben.

Alles, was in unserem Körper geschieht, ist das Ergebnis chemischer Reaktionen. Das Leben als chemische Reaktion zu beschreiben klingt etwas trocken, aber wissenschaftlich gesehen ist es so. Ein gutes Beispiel dafür ist die übermenschliche Kraft, die Menschen manchmal in Krisenzeiten entwickeln. Ich bin mir sicher, dass Sie schon von Menschen gehört haben, die in einer Notlage, zum Beispiel bei einem Unfall oder einem Brand, plötzlich schwere Gegenstände hochheben konnten. Jemand, der normalerweise höchstens 50 Kilogramm heben kann, schafft plötzlich 100 Kilogramm. Man führt so etwas meistens auf psychologische Ursachen zurück. Man sagt, alles sei möglich, wenn der Wille stark genug sei. Aber ohne irgendeine Form der chemischen Reaktion, die dies überhaupt erst möglich macht, könnten Sie gar nichts tun, egal, wie inständig sie es wollten.

Die erste Voraussetzung ist Energie. In einer Notlage geben Gene, die bisher nur die Produktion von genügend Energie zum Anheben von 50 Kilogramm geordert hatten, der Zelle den Befehl, die doppelte Energiemenge zu produzieren. Tatsächlich ist jeder Lebensprozess das Ergebnis chemischer Reaktionen, die dazu dienen, eine bestimmte Situation zu bewältigen. Genau das bedeutet "Leben".

Auch chemische Produktionsanlagen erzeugen chemische Reaktionen. Aus biochemischer Sicht ähneln diese Reaktionen theoretisch jenen, die den Prozess namens Leben darstellen. Es gibt allerdings einen entscheidenden Unterschied zwischen den chemischen Reaktionen in unserem Körper und jenen, die in chemischen Produktionsanlagen stattfinden.

Die chemischen Reaktionen in Produktionsanlagen können nur unter Extrembedingungen eintreten, zum Beispiel bei hohen Temperaturen, hohem Druck, einem hohen Säuregrad oder hoher Alkalität. Die chemischen Reaktionen in lebenden Zellen aber finden in einer sehr gewöhnlichen Umgebung bei normaler Körpertemperatur und normalem Druck und in einem sehr neutralen Zustand statt. Möglich machen das Enzyme. Zwar sind sie nicht die Hauptakteure in diesem Prozess, aber Enzyme arbeiten als Auslöser, indem sie auf bestimmte Substanzen so einwirken, dass die chemischen Reaktionen glatt ablaufen. In jeder Zelle finden systematisch und sehr schnell Tausende solcher chemischer Reaktionen statt, wobei jede Zelle nur etwa ein Milliardstel Gramm wiegt, und in diesem Prozess spielen Enzyme eine Schlüsselrolle.

Man geht davon aus, dass das Enzym Renin Bluthochdruck verstärkt. Eigentlich tut es das aber nicht selbst, sondern es produziert das Hormon Angiotensin, das den Blutdruck erhöht. Damit steuert es hinter den Kulissen den Bluthochdruck und lässt ein untergeordnetes Hormon für es arbeiten.

Eine bemerkenswerte Eigenschaft von Enzymen ist die Tatsache, dass sie nur mit bestimmten Substanzen eine Verbindung eingehen. Wie Schloss und Schlüssel ist das Gegenstück jedes Enzyms schon vorherbestimmt – Enzym A verbindet sich mit a, Enzym B verbindet sich mit b und so weiter. Enzyme sind in der Lage, mit höchster Genauigkeit ihr Gegenstück zu finden, und damit können in jeder Zelle mehrere Tausend chemische Reaktionen gleichzeitig stattfinden.

Eine weitere Besonderheit von Enzymen ist ihre Schnelligkeit. Nehmen wir einmal an, dass eine Zelle eine bestimmte Substanz herstellen muss. Falls sie bereits über das Material verfügt, kann mit einem vorhandenen Enzym die notwendige Substanz bis zu zehn Milliarden Mal schneller produziert werden als normalerweise. Stärke an sich bleibt Stärke, sogar noch nach einem Jahr, und verändert sich nur langsam. Wenn sie aber als Nahrung aufgenommen wird, geht sie innerhalb weniger Stunden zahlreiche chemische Reaktionen ein, um Energie zu produzieren. Nach dem Eintritt in unseren Körper finden chemische Reaktionen in einer Geschwindigkeit statt, die in der Außenwelt unvorstellbar sind.

Einige Menschen glauben fälschlicherweise, dass sich nichts mehr großartig ändert, wenn unser Körper das Erwachsenenalter erreicht hat. Schließlich bleiben nach dem Wachstum Größe und Gewicht gewöhnlich ziemlich konstant. Doch entgegen dem äußeren Erscheinungsbild finden mit enormer Geschwindigkeit Erneuerungen und Veränderungen statt. Die Blutzellen eines Erwachsenen zerfallen mit einer Rate von mehreren hundert Milliarden pro Tag und werden durch dieselbe Anzahl neuer Blutzellen ersetzt. Die Proteine in Nieren, Leber und Herz zersetzen und regenerieren sich mit unermesslicher Geschwindigkeit. Dieser Prozess wird als Stoffwechselumsatz bezeichnet und findet viel schneller statt, als wir es uns überhaupt vorstellen können. Dank den Enzymen ereignen sich die programmierten chemischen Reaktionen von Synthese und Zerfall in unseren Zellen mit Lichtgeschwindigkeit.

Die Enzyme mit ihren fast magischen Fähigkeiten werden von Rezeptoren gesteuert, die ihrerseits der Steuerung der Gene unterliegen. Indem wir unsere Gene beeinflussen, können wir daher indirekt die Enzyme kontrollieren. So manches übernatürliche Ereignis kann tatsächlich auf die Einwirkungen des Geistes auf die Gene zurückgeführt werden, die wiederum chemische Hochgeschwindigkeitsreaktionen ankurbeln. Zwar ist es schwierig, dies direkt zu beweisen, aber viele Indizienbeweise sprechen dafür.

Ich möchte zwei Beispiele anführen. In meiner Zeit als Student kamen ein paar buddhistische Mönche, die streng asketisch ausgebildet wurden, jeden Abend aus ihrer Klause in den Bergen herunter, um in den Vergnügungsvierteln zu zechen. Im Morgengrauen kehrten sie dann wieder zurück, um ihren Pflichten nachzugehen. Einige hatten eine solche Ausdauer, dass sie das mehrere Tage lang durchhielten. Der Wunsch zu spielen reichte aus, um dafür zu sorgen, dass sie sich am nächsten Tag nicht erschöpft fühlten. Ganz ähnlich machen einige Assistenten in meinem Labor manchmal eher einen lethargischen Eindruck und reagieren überhaupt nicht auf mein Drängen, sich mehr anzustrengen. Wenn sich bei ihren Forschungen aber ein internationaler Durchbruch ankündigt und sie in den Mittelpunkt des Interesses rücken, arbeiten sie klaglos die ganze Nacht durch. Wenn sie einmal motiviert sind, fühlen sie sich nicht mehr müde, obwohl sie nicht mehr ausreichend Schlaf bekommen.

Wenn wir jemanden treffen müssen, den wir absolut nicht sehen wollen, fühlen sich unsere Füße an wie Blei und bewegen sich nur widerwillig voran oder kommen sogar ganz zum Stehen. Andererseits fühlen sich unsere Füße, wenn wir auf dem Weg zu jemandem sind, den wir sehr gern mögen und unbedingt sehen möchten, so leicht an, als könnten wir fliegen.

Diese körperlichen Manifestationen unserer Gefühle wären ohne die Aktion mehrerer Enzyme nicht möglich, deren Produktionsgeschwindigkeit von den Genen kontrolliert wird. Daher müssen auch diese Phänomene vom genetischen Ein-/Aus-Mechanismus verursacht werden.

Nehmen Sie den Fall, wenn einer Person nach einem psychologischen Trauma über Nacht die Haare ergrauen. Die Gene stellen unaufhörlich das Protein her, aus dem unser Haar besteht. Eine derart abrupte und dramatische Veränderung muss bedeuten, dass die Gene, die das normale Haarwachstum unterstützen, ausgeschaltet wurden, oder dass die Gene, die normalerweise künftig die Alterung verursachen würden, frühzeitig aktiviert wurden. Die Gene stecken ganz offenkundig hinter vielen Phänomenen, die wir alltäglich erleben.

Im nächsten Kapitel werden wir einmal genauer die körperlichen Manifestationen unseres seelischen Zustands unter die Lupe nehmen und uns anschauen, wie wir anfangen können, unsere Gene positiv zu beeinflussen.

II

Aktivieren Sie Ihre Gene

Die Rolle des positiven Denkens beim
Wecken guter Gene

Ganz offensichtlich sollten einige Gene besser aktiviert, andere dagegen besser deaktiviert werden. Idealerweise sollten schädliche Gene ausgeschaltet und gute Gene eingeschaltet werden. Ich bin der Überzeugung, dass positives Denken ein wichtiger Schlüssel dazu ist.

Positives und negatives Denken sind mittlerweile ein fester Begriff geworden, so dass der Satz "Du musst positiv denken!" einen festen Platz in unserer Alltagssprache gefunden hat. Nun passiert im Leben aber sowohl Gutes als auch Schlechtes. Es ist nicht immer einfach, positiv eingestellt zu bleiben, wenn etwas falsch läuft, und nicht wenige Menschen fragen sich, warum überhaupt so viel Aufhebens darum gemacht wird. Um den Unterschied zwischen beiden besser herauszustellen, vergleichen wir einmal positives und negatives Denken aus der Perspektive der Entropie.

Was passiert, wenn Sie einen Tropfen Tinte in ein Waschbecken voller Wasser geben? Die Tinte beginnt sofort, sich zu verteilen. Warum sammelt sie sich nicht einfach an einer Stelle? Dieses Phänomen hat tief greifende Implikationen. In der physischen Welt geht man davon aus, dass die geordnete Materie von Natur aus zur Unordnung oder zum Verfall hinstrebt. Bezeichnet wird dies als das Gesetz zunehmender Entropie. Es beschränkt sich bei weitem nicht nur auf Tinte, sondern wird als allgemeine Regel anerkannt, die für die stoffliche Welt als Ganzes gilt. Da auch wir aus Materie bestehen, unterliegen wir ganz automatisch ebenfalls diesem Gesetz. Vom Zeitpunkt unserer Geburt an bewegen wir uns auf unseren Untergang und Tod zu. Der einzige vorstellbare Grund dafür ist die Existenz von Genen in uns, die von Natur aus zur Unordnung hinstreben. Die Wahrheit ist, dass unser Körper mit einem Programm für den Zelltod ausgestattet ist.

Würden diese Gene plötzlich in vollstem Umfang anfangen zu arbeiten, würde das für uns den sofortigen Tod bedeuten, weil die Gene verschleißen würden. Normalerweise allerdings arbeiten unsere Gene daran, uns am Leben zu erhalten und zunehmende Entropie zu verhindern. Mit anderen Worten kann der Vorgang des Lebens als das Stattfinden von Prozessen betrachtet werden, die von Natur aus dem Tod und Zerfall zustreben, und deren Lenkung hin zur Ordnung. Dies wird als Entropieverringerung bezeichnet. Ein Wörterbuch zum Beispiel hat als Buch eine bestimmte Funktion. Was aber, wenn Sie alle Seiten herausreißen und im Zimmer verstreuen? Das Gesamtvolumen an Material, das das Buch ausmachte, ist keineswegs kleiner geworden, aber es erfüllt nicht mehr die Funktion eines Wörterbuchs. So sieht die Entropiezunahme aus. Wenn Sie nun aber alle Seiten aufsammeln und sie akribisch wieder zusammenkleben, kehrt das Wörterbuch wieder in seinen Ursprungszustand zurück. Das ist dann die Entropieverringerung.

Den Genen und den unter ihrer Steuerung produzierten Enzymen kommt bei der Entropieverringerung eine wichtige Rolle zu. Wenn wir zum Beispiel Schweinefleisch essen, wird das Protein zunächst in Aminosäuren aufgespalten, die dann wiederum durch von Genen gesteuerte Enzyme in menschliches Protein umgewandelt werden. Die Aufspaltung stellt eine Entropiezunahme dar, während die Synthese eine Entropieverringerung bedeutet.

Wenn wir das Entropieprinzip auf das Konzept des positiven und negativen Denkens anwenden, ist davon auszugehen, dass positives Denken zu einer Entropieverringerung und negatives Denken zu einer

Entropiezunahme führt. Warum dem so ist, werden Sie anhand der später beschriebenen Diabetes-/Lach-Studie erfahren. Wenn positives Denken tatsächlich zu einer Entropieverringerung führt, wovon meine eigenen Erfahrungen mich überzeugt haben, dann ist die Wahl zwischen positivem oder negativem Denken etwas ganz anderes als die Wahl zwischen süßem oder deftigem Essen. Letzteres ist lediglich eine Sache des persönlichen Geschmacks und macht kaum einen Unterschied. So lange wir es mit dem Essen nicht übertreiben, können wir Ernährung und Genuss miteinander verbinden. Bei negativem oder positivem Denken allerdings wird unsere Entscheidung ganz gewiss Konsequenzen haben. Es steht außer Frage, welche Option die bessere ist. Positives Denken wird bewirken, dass unsere Gene sich anstrengen werden, Entropie zu verringern, während negatives Denken die Entropiezunahme beschleunigen wird.

Ein Experiment, das ich im Jahr 2003 durchführte, führte zu wissenschaftlichen Beweisen, die die günstigen Auswirkungen von positivem Denken auf unsere Gene bestätigten. Auf der Grundlage dessen, dass Gene durch physikalische oder chemische Faktoren ein- oder ausgeschaltet werden, brachte ich die Hypothese vor, dass mentale Faktoren ebenfalls an der Ein- und Ausschaltung von Genen beteiligt sind. Genauer gesagt bedeutet das, dass positive Faktoren, etwa Freude, Begeisterung, Glauben und Gebete, Transkripte nützlicher Gene heraufregeln oder aktivieren, während negative Faktoren, zum Beispiel Ängstlichkeit, Stress, Traurigkeit, Angst und Schmerz, Transkripte nützlicher Gene herunterregeln oder deaktivieren.

Zur Überprüfung meiner Hypothese taten wir uns mit dem japanischen Unterhaltungsriesen Yoshimoto Kogyo Co. zusammen, um die Auswirkungen des Lachens (einem Indikator für positive Gefühle) auf den genetischen Ausdruck zu untersuchen. Dabei konzentrierten wir uns darauf, wie das Lachen die Blutzuckerwerte von Menschen mit Typ-2-Diabetes beeinflusst. In unserer Studie maßen wir den Nüchternglukosewert der Teilnehmer, dann sahen sich diese entweder einen humorlosen Vortrag oder eine Comedy-Show an. Daraufhin bekamen sie eine Mahlzeit, und anschließend wurde ihr postpandrialer Blutzucker gemessen. Im ersten Experiment verzeichneten die Teilnehmer, die den Vortrag gesehen hatten, einen Blutzuckeranstieg von 123 mg/dL, wohingegen bei denjenigen, die die Comdey-Show gesehen hatten, nur ein Anstieg von 77 mg/dl festzustellen war. Wir wiederholten das Experiment, und wieder war bei denjenigen, die die Comedy-Show gesehen hatten, ein wesentlich geringerer postpandrialer Blutzuckeranstieg festzustellen als bei den anderen.

Die Studie zeigte, dass Lachen sich günstig auf die Blutzuckerhöhe auswirkt. Wir stellten fest, dass beim Lachen 23 Gene aktiviert werden. Darüber hinaus steht ein Gen, das unserer Studie zufolge beim Lachen aktiviert wird, das Dopamin-D4-Rezeptor-Gen (DRD4), mit der Hemmung des Enzyms Adenylylzyklase in Verbindung, das an der Erhöhung des Blutzuckerspiegels beteiligt ist. Dieses Ergebnis könnte sich als nützlich erweisen, um bei Diabetes-Patienten den Blutzuckerspiegel zu halten. Die Implikationen des Ganzen gingen jedoch weit darüber hinaus: Zum ersten Mal wurde bewiesen, dass positive Gefühle den genetischen Schalter umlegen können. Die Forschungsergebnisse wurden im Mai 2003 in der Zeitschrift *Diabetes Care* und im Jahr 2006 in der Zeitschrift *Psychotherapy and Psychosomatics* veröffentlicht und wurden weltweit von der Nachrichtenagentur Reuters bekannt gegeben.

Das Positive sehen

Auch in Einzelberichten hört man immer wieder von den handfesten Auswirkungen einer positiven oder negativen geistigen Einstellung. Wie bereits erwähnt können psychologische Traumata ein Gen einschalten, das dafür sorgt, dass unser gesamtes Haar über Nacht ergraut, ein Prozess, der normalerweise mehrere Jahrzehnte in Anspruch nimmt. Welche fantastischen Dinge aber könnten wir erreichen, wenn wir dasselbe Gen in eine positive Richtung lenken könnten? Das Problem dabei ist natürlich das Wie. Wenn ein Trauma die Auswirkung eines negativen geistigen Schocks ist, dann leuchtet ein, dass das Gegenteil, etwas, das uns überaus glücklich macht, positive Gene aktivieren müsste. Da unsere Gene pausenlos jede Minute, jede Sekunde arbeiten, müssten wir unseren Geist ständig auf dieses Glücksgefühl konzentrieren. Das Geheimnis, um das zu erreichen, ist positives Denken.

In schwierigen und leidvollen Zeiten müssen wir besonders auf positives Denken achten, weil es genau dann wirklich notwendig ist. Es ist erheblich einfacher, positiv zu denken, wenn alles gut läuft. Die wahre Prüfung liegt darin, wie positiv wir denken können, wenn wir uns in einer schwierigen Situation befinden. Denn eigentlich müssen wir uns wohl kaum mit positivem Denken abgeben, wenn gerade alles glatt läuft.

Ich spreche aus persönlicher Erfahrung: Bei langen Forschungsprojekten stecken Wissenschaftler häufig in schwierigen Situationen. Es ist nicht ungewöhnlich, dass einen dann Gefühle des Misserfolgs und der Hoffnungslosigkeit überfallen. Der springende Punkt ist, in solchen Zeiten nach Wegen zu suchen, um nicht den Mut zu verlieren.

Bei mir funktioniert da eine bestimmte Technik. Ich erinnere mich daran, dass jede Situation im Leben zwei Seiten hat: sowohl gute als auch schlechte. Es hängt einfach von der eigenen Interpretation ab. Nehmen Sie zum Beispiel Krankheit. Wenn Sie krank werden, ist es einfach, sich auf das Negative zu konzentrieren: Sie können nicht arbeiten und werden finanziell belastet. Gleichzeitig kann eine Krankheit aber auch positive Auswirkungen haben, zum Beispiel die, dass sie Ihnen hilft, besondere Menschen in Ihrem Leben mehr schätzen zu lernen, oder dass Sie Ihnen Zeit gibt, über ein paar Ideen nachzusinnen, denen Sie in Ihrem stressigen Berufsalltag gar keine Beachtung schenken konnten. Wahrscheinlich sind Ihnen schon Geschichten zu Ohren gekommen, wie jemandes Leben durch eine schwere Krankheit eine positive Wendung nahm. Der Trick besteht darauf, die Sache aus einem größeren Blickwinkel zu betrachten und darauf zu vertrauen und davon überzeugt zu sein, dass einem die Krankheit helfen wird, sich konstruktiv weiterzuentwickeln. Wir müssen unsere Sichtweise erweitern und versuchen, in allem, was uns im Leben passiert, das Positive zu sehen.

Falls Sie das für unmöglich halten, spiegelt Ihre Reaktion eigentlich nur eine der Unzulänglichkeiten des modernen Menschen wider. Die Wissenschaft ist hervorragend im rationalen Denken. Da die Wissenschaft so enorme Fortschritte gemacht hat, hat man es sich heutzutage zur Gewohnheit gemacht, alles vernunftmäßig erklären zu wollen. Das wissenschaftliche Denken basiert auf logischem Positivismus, diese Sichtweise schwächt jedoch unsere Empfänglichkeit für Dinge, die das Rationale übersteigen – das Reich des Unsichtbaren. Bis zu einem bestimmten Punkt ist Rationalität wichtig, aber nicht alles in dieser Welt ist rational.

Die Gene sind das beste Beispiel dafür. Die Zellen und die darin befindlichen Gene sind Teil einer mikroskopisch kleinen Welt, die mit dem bloßen Auge nicht erkennbar ist. Zudem arbeiten von der riesigen Anzahl von Genen in unserem Körper gerade einmal fünf bis zehn Prozent. Die Wissenschaftler haben keine Ahnung, was der Rest macht. Womöglich enthalten die übrigen Gene die Geschichte unserer Evolution, oder vielleicht ist in ihnen das Potenzial für unsere künftige Entwicklung gespeichert. Wir wissen noch nicht, welche Bedeutung ihnen zukommt. Ich bin der Überzeugung, dass der genetische Ein-/Aus-Mechanismus etwas mit diesem unbekannten Teil zu tun hat. Wenn wir uns allein auf das Rationale konzentrieren, können wir nur einen Teil unserer Realität wahrnehmen. Die Rationalität zu überwinden bedeutet nicht, eine irrationale Welt zu betreten, sondern vielmehr, diejenigen Aspekte anzuerkennen, die mit der gängigen Meinung oder der aktuellen Wissenschaft nicht zu erklären sind, wenn wir Entscheidungen treffen. Diese Herangehensweise kann uns helfen, das Gesamtbild zu erfassen, auch wenn es ein wenig unscharf ist. Positives Denken ist ein Weg, um zu einer solchen Einstellung zu gelangen.

Der Geist hat enormen Einfluss auf das Individuum

Die Macht des positiven Denkens zeigt sich oft dann, wenn jemand krank wird. Noch immer verstehen wir viele Aspekte der natürlichen Heilung nicht, eines aber ist mir klar: Die Gene spielen dabei eine unerlässliche Rolle. Wenn ein Arzt einem Patienten zum Beispiel mitteilt, dass er Krebs hat, wird sich selbst ein emotional sehr stabiler Mensch niedergeschmettert fühlen. Bis vor kurzem noch war es in Japan üblich, dass die Ärzte ihren Patienten nicht sagten, dass sie Krebs hatten, teilweise weil die Behandlungsmethoden nur schlecht entwickelt waren, aber teilweise auch, weil für die Patienten eine solche Mitteilung ganz klar traumatisch war. Mittlerweile ist die Offenlegung die Norm geworden, nicht nur, weil bei den Behandlungsmethoden enorme Fortschritte erzielt worden sind, sondern auch, weil die Wissenschaftler nun die Gültigkeit des Sprichwortes "Krankheit entsteht im Geiste" anerkennen.

Nichtsdestotrotz weisen einige Wissenschaftler wohl die Behauptung als unwissenschaftlich von sich, der Geist steuere die Funktionsweise der Gene und die Selbstheilung, und zwar wegen des logischen Positivismus, auf dem die wissenschaftliche Forschung gründet. Dabei kann diese Behauptung aber auch nicht als falsch abgetan werden, nur weil die heutige Wissenschaft nicht in der Lage ist, sie zu beweisen. Letztendlich sind in der Geschichte der Wissenschaft bereits viele Fehler gemacht worden. Und schließlich kann vieles, was sich in unserem Alltag als nützlich erwiesen hat, zum Beispiel die Auswirkungen von Meditation oder Gebet, wissenschaftlich nicht bewiesen werden.

Der Begriff der Selbstheilung existiert schon seit alters her. Der Körper heilt sich dabei selbst, ich meine aber, dass man dies auch anders ausdrücken kann: Die Gene befehlen dem Körper, sich selbst zu heilen. Mit anderen Worten ist der Körper mit einem eingebauten Heilungsprogramm ausgestattet. Im Körper kann nichts passieren, was nicht bereits in unseren Genen geschrieben steht. Zu unserem Glück können unsere Gene aus zahllosen Optionen wählen; der große Anteil jener Gene, die nicht genutzt werden, trägt die Möglichkeit zur Selbstheilung in sich. Was demnach heute von unseren Genen zum Ausdruck gebracht wird, ist nicht das letzte Wort. Gute Gene können eingeschaltet und schädliche abgeschaltet werden.

Wir alle haben Gene, die Krankheiten verursachen können, und gleichzeitig Gene, die Krankheiten unterdrücken können. Es sind bereits sowohl Krebs verursachende als auch Krebs hemmende Gene gefunden worden; wenn sie gemeinsam existieren, halten sie das Gleichgewicht. Mit anderen Krankheiten verhält es sich ebenso. Das Wichtige dabei ist das Gleichgewicht. Zwar können wir nicht alle Veränderungen nachverfolgen, die im Körper stattfinden, aber stellen Sie sich einmal vor, dass sich ein Krebs-Gen in Ihnen eingeschaltet hat und mit der Produktion von Krebszellen beginnt. Sobald es damit anfängt, beginnt das für die Hemmung und Zerstörung solcher Zellen verantwortliche Gen zu arbeiten, so dass Sie weiter gesund bleiben. Ihr Körper befindet sich im Gleichgewicht. Sobald diese Ausgeglichenheit aber gestört ist, beginnt die Krankheit sich schnell auszubreiten.

Krebs ist wegen der schieren Anzahl Krebs erregender Faktoren so schwer zu behandeln. Bis vor kurzem ging man davon aus, dass externe Faktoren aus der Umwelt der Auslöser sind, einschließlich Ernährung, Rauchen, Trinken von verseuchtem Wasser und chemische Lebensmittelzusätze, die allesamt als "gefährlich" etikettiert wurden. Diese Substanzen mögen zwar wirklich ein Risiko darstellen, aber die Genforschung hat deutlich gezeigt, dass ihr Einfluss abhängig vom einzelnen Menschen ganz unterschiedlich ist. Das liegt höchstwahrscheinlich an der Einzigartigkeit des genetischen Aufbaus jedes Einzelnen.

Meine Forschungen ließen mich zu der Überzeugung gelangen, dass der Grund, warum Menschen, die niemals eine einzige Zigarette geraucht haben, trotzdem Lungenkrebs bekommen, darin liegt, dass sie Krebs fördernde Gene in sich tragen. Wenn dieser Faktor mit Umweltfaktoren zusammenkommt, denen jeder gleichermaßen ausgesetzt ist, hat dies eine Beschleunigung der Krebs erregenden Funktion zur Folge. Obwohl ich nicht genau weiß, wie dieser Mechanismus funktioniert, steckt er wahrscheinlich hinter vielen Krankheiten.

Umweltfaktoren sind eine entscheidende Größe dafür, ob schädliche Gene ausgeschaltet werden. Selbst wenn zwei Menschen genau dieselben Gene haben – eineiige Zwillinge – und einer von ihnen krank wird, wird der andere nicht zwangsläufig auch krank, weil jeder anderen Umweltfaktoren ausgesetzt war. Bei einem Gesunden sind die Gene, die die Krankheit verursachen würden, ausgeschaltet, können aber an einem bestimmten Punkt aktiviert werden. Wissenschaftler machen derzeit Fortschritte in der Katalogisierung genetischer Variationen, die mit verbreiteten Krankheiten wie Herzkrankheiten und Lungenkrebs in Verbindung stehen. Mit weiteren Forschungen werden wir in der Lage sein, genauer vorherzusagen, wann bestimmte Gene aktiviert werden und wie sie abgeschaltet werden können. Wenn es so weit ist, bin ich mir sicher, dass die Auswirkungen der Umwelt auf diesen Ein-/Aus-Mechanismus besser verstanden werden.

Heute leugnen nur noch wenige die Beziehung zwischen Geist und Körper, viele allerdings denken nur an die äußere oder physische Umwelt – etwa Luftverschmutzung, Lärmbelästigung und Wasserverschmutzung –, wenn sie den Begriff "Umweltfaktoren" hören. Ich meine aber, dass zur Umwelt auch die psychologischen Auswirkungen von Informationen bezüglich der physischen Umwelt gehören. Der Geist ist von der Umwelt nicht getrennt.

Shigeo Nozawa, der Erfinder der hydroponischen Kultur, auf die ich in Kapitel 6 ausführlicher eingehen werde, erklärte dieses Konzept in einem Interview folgendermaßen: "Beim Menschen ist der Geisteszustand einer Person ihre Umwelt. Ein glücklicher oder gesunder Zustand hat seinen Ursprung im Geist. Viele gehen davon aus, eine bestimmte Umgebung sei ideal, aber in Wahrheit ist jede Umgebung, die jemand als gut betrachtet, von Vorteil, weil Umgebung und Lebensvorgänge des Einzelnen in einer Wechselbeziehung stehen. Es gibt keine absolut gute oder schlechte Umgebung." Dem stimme ich rückhaltlos zu.

Der Geist hat einen enormen Einfluss auf das Individuum. Ganz wie Nozawa sagte, können Krankheiten, nicht bestandene Prüfungen oder Arbeitsplatzverluste dankbar akzeptiert werden, wenn sie positiv interpretiert werden. Solche Erfahrungen helfen uns, unser Verständnis des Lebens zu vertiefen, und machen uns mitfühlender gegenüber dem Leid anderer Menschen. Sie können uns sogar in eine strahlende neue Zukunft katapultieren. Höchstwahrscheinlich haben Sie genau wie ich schon Zeiten durchgemacht, in denen Sie dachten, sie hätten ein Ziel verfehlt, bis sich am Ende herausstellte, dass dem keineswegs so war. Aus meiner eigenen Erfahrung heraus bin ich überzeugt, dass diese Aussage von Nozawa der Wahrheit entspricht: Ein glücklicher oder gesunder Zustand hat seinen Ursprung im Geist.

Es gibt einen Weg, schädliche Gene zu deaktivieren und gute zu aktiveren, der jedem ungeachtet von Umgebung oder Umständen offen steht: die Änderung der geistigen Einstellung. Man kann unmöglich leugnen, dass die geistige Einstellung, die positive genauso wie die negative, großen Einfluss auf unsere Gesundheit hat. Ich vermute, dass die Wechselbeziehung zwischen Körper und Geist noch intensiver ist als bereits angenommen. Obwohl die Beziehung zwischen Genen und psychologischem Handeln noch unklar ist, liegt der Schlüssel zum Verständnis des natürlichen Heilungsmechanismus des Körpers in den Genen.

Unsere Gene handeln, noch bevor wir denken

Es gibt einen weiteren Punkt, den ich gern im Hinblick auf die menschlichen Denkvorgänge erwähnen möchte. Die meisten Menschen glauben, das Gehirn spiele die wichtigste Rolle, wenn es um die Steuerung von Handlungen geht. Tatsächlich sind es aber die Zellen und das Netzwerk, das die Zellen miteinander verbindet, die die ganze Arbeit leisten, und es sind die Gene, die die Zellen steuern. Die Gehirnfunktion hängt von den Informationen in den Gehirnzellen ab. In diesem Sinne agieren die Gene als Hauptschalttafel des Körpers. Wenn wir den Ein-/Aus-Mechanismus unserer Gene tatsächlich kontrollieren können, dann müssen wir unsere

Gene wesentlich besser kennen lernen. Wir sollten genau darauf achten, welche Botschaften wir ihnen schicken. Vielleicht könnte es hilfreich sein, unsere Gene so zu begrüßen: "Hallo ihr! Freut mich, dass ihr heute so gut in Form seid. Ihr macht eure Sache hervorragend." Da wir ohnehin ständig Selbstgespräche führen, kann es nicht schaden, positive Gedanken in Richtung unserer Gene zu lenken.

Ohne es überhaupt zu bemerken, befinden wir uns ständig im Gespräch mit uns selbst. Wenn wir uns Sorgen machen, folgen wir einem Drehbuch, das aus einem negativen Blickwinkel heraus geschrieben ist. Andererseits rufen wir vielleicht bei einem Spaziergang an einem sonnigen Morgen aus: "Was für ein schöner Tag! Ich fühle mich einfach toll!" Dieser Moment kommt unseren Zellen zugute. Wir brauchen nicht erst den Sonnenschein visuell zu registrieren und dann darauf zu warten, dass das Gehirn diese Informationen an den restlichen Körper weitervermittelt. Sobald wir vor die Tür treten, reagieren unsere Zellen unmittelbar auf das angenehme Wetter und werden aktiviert. Obwohl die Zellen die Anweisungen des Gehirns befolgen, sind sie zugleich auch unabhängige Einzelorganismen. Das ist ein wichtiger Aspekt, wenn man sich den Ein-/Aus-Mechanismus ansieht.

In der Realität machen wir alle Lebensphasen durch, in denen wir nicht gesund sind oder vor Energie strotzen. Bei der Arbeit können Probleme auftreten, oder in einer Beziehung gibt es Schwierigkeiten. In solchen Zeiten ist es schwer, sich nicht niedergeschlagen zu fühlen. Wie können Sie sich davon befreien, sich niedergeschlagen zu fühlen, wenn so etwas passiert? Indem Sie die Gene einschalten, die Ihnen Energie geben. Das können Sie lernen, indem Sie dazu Ihre bisherige Lebenserfahrung heranziehen. Eine Methode, die ich aus eigener Erfahrung empfehlen kann, ist, sich inspirieren zu lassen. Wenn Sie momentan nichts inspiriert, denken Sie an eine Zeit zurück, in der Sie zutiefst von etwas bewegt waren.

Inspiration ist eine Kombination aus Freude und Begeisterung. Wissenschaftler empfinden dies sehr stark, wenn sie gerade ein Forschungsprojekt abgeschlossen haben. Die Begeisterung und Freude, die ich empfinde, wenn ich eine gute wissenschaftliche Arbeit geschrieben habe, ist unbezahlbar. Ich habe schon einmal die ganze Nacht mit einem neu abgefassten Manuskript in den Armen geschlafen...

Eine andere Sache, die mich inspiriert, ist meine Arbeit mit den Genen. Mit Genen zu arbeiten bedeutet, sich mit dem Mechanismus des Lebens zu befassen und immer wieder dem Wunder des Lebens zu begegnen. Das ist eine zutiefst bewegende Erfahrung.

Ich bin der Überzeugung, dass unsere Gene, wenn wir inspiriert sind, nie in eine ungünstige Richtung steuern. Natürlich habe ich meinen Anteil nicht wünschenswerter Gene abbekommen, dessen bin ich mir sicher, aber wenn ich bewegt und inspiriert bin, werden diese Gene deaktiviert und stattdessen positive Gene aktiviert. Nennen Sie es Intuition oder die Hypothese eines Wissenschaftlers, aber wenn ich mich inspiriert fühle, spüre ich, wie sich dieses Wohlgefühl bis in meine Zellen ausbreitet.

Was den Einzelnen inspiriert, kann ganz unterschiedlich sein. Für den einen kann das eine leidenschaftliche Karriere sein, für den anderen, Zeit mit den eigenen Kindern zu verbringen, eine herrliche Bergwanderung zu unternehmen, im Garten zu arbeiten oder ein Kunstwerk zu erschaffen. Was beim einen gar nichts bewirkt, kann einen anderen zutiefst bewegen. Lassen Sie mich Ihnen als Beispiel Ko Hirasawa vorstellen, einen meiner Mentoren und ehemals Rektor der Kyoto-Universität. In meiner Zeit als Student erzählte Hirasawa mir eine Geschichte, die ich nie vergessen habe. Als er in das medizinische Institut der Kyoto-Universität kam, arbeitete er so intensiv, dass er nachts nur etwa vier Stunden Schlaf fand, ganz im Stil von Napoleon. Infolgedessen erlitt er einen schweren Nervenzusammenbruch und musste zur Erholung in seine Heimatstadt zurückkehren. Als er eines Tages über ein verschneites Feld ging, hörte er eine Stimme, die das *Heiligenstädter Testament* auf Deutsch vortrug, einen Brief, den Beethoven mit 28 Jahren schrieb. Als eifriger Student hatte Hirasawa Beethovens Biografie auf Deutsch gelesen, während er Medizin studierte.

Als Beethoven sein Hörvermögen verlor, dachte er über Selbstmord nach und ging so weit, dass er sein Testament schrieb. Nach langem innerem Kampf beschloss er dann jedoch schließlich, weiterzuleben. Das *Heiligenstädter Testament* verfasste er in dieser Zeit als Ausdruck seines Beschlusses. Er schrieb: "Vielleicht geht's besser, vielleicht nicht; ich bin gefasst – schon in meinem 28. Jahre gezwungen, Philosoph zu werden... es ist nicht leicht, für den Künstler schwerer als für irgendjemand."

Diese Worte trafen Hirasawa wie ein Blitzschlag. "Mein Leiden ist nichts dagegen! Beethoven wurde von Taubheit geschlagen, für einen Musiker eine fatale Behinderung. Ich habe zwar kein großes Talent, aber ich habe einen normalen, gesunden Körper, was habe ich mich da zu beschweren? Ich werde allen zeigen, dass ich das überstehen werde!" Hirasawa war zutiefst bewegt, und in diesem Augenblick war seine Neurose geheilt. Die auditiven und visuellen Halluzinationen, an denen er nach seinem Nervenzusammenbruch so häufig gelitten hatte, verschwanden. Was hatte so plötzlich einen so ernsten Zustand heilen können? Ich glaube, dass die tiefen Gefühle, die er empfand, jene Gene aktiviert haben könnten, die für Heilung und Vitalität sorgen. Seine Erfahrung kann auch uns inspirieren.

Der Schlüssel zu Jugendlichkeit und langem Leben

Es gibt eine Kommunikationsmethode mit Ihren Genen, die ich Ihnen für ein langes Leben ans Herz lege: regelmäßig zutiefst bewegt und stark inspiriert zu sein.

Um zu leben, müssen wir täglich verschiedene Substanzen aus unserem Körper schleusen, darunter Stuhl, Urin, Schweiß und Schleim. Zudem müssen wir uns in regelmäßigen Abständen Haare und Nägel schneiden. Ohne Ausscheidungen und Absonderungen könnten wir keinen einzigen Tag überleben. Womöglich haben Sie bemerkt, dass alle oben genannten Substanzen eines gemeinsam haben: Sobald sie ausgeschleust werden, werden sie zu Abfallprodukten. Wenn sie sich noch in uns befinden, sehen wir sie nicht als besonders schmutzig an, aber sobald sie unseren Körper verlassen, betrachten wir sie als unrein. Mir ist allerdings aufgefallen, dass eine Substanz, die wir absondern, keinen Ekel erregt: die Tränen.

Auch Tränen sind ein Abfallprodukt des Körpers, doch niemand betrachtet sie mit derselben Abneigung wie andere Abfallstoffe. Schönredner betrachten Tränen nicht als Abfallprodukt, sondern als eine aus dem Gehirn abgeleitete Körperflüssigkeit. Der Theologe Tetsuo Yamaori machte mich darauf aufmerksam, dass Tränen das Herz anderer Menschen berühren. Das Funkeln der Tränen lässt unsere Gefühle hervorströmen.

Menschen weinen oft, wenn sie zutiefst bewegt sind. Obwohl starke Gefühle uns die Tränen in die Augen treiben, sind es physiologisch gesehen unsere Gene, die das erst möglich machen, ein Indiz dafür, wie der Geist unsere Gene beeinflusst. Zu Tränen gerührt zu sein fühlt sich gut an, und auch wenn wir traurig sind, kann es enorm befreiend sein, sich auszuweinen, und danach fühlen wir uns viel besser. Wenn wir uns gut fühlen, ist das meiner Auffassung nach ein Hinweis darauf, dass unsere guten Gene aktiviert worden sind. Viele ältere Menschen nennen tiefe Gefühle als Schlüssel für ein langes Leben. Dasselbe trifft auf Menschen zu, die jünger aussehen, als sie sind. Durch das Erleben tiefer Gefühle können wir länger leben und jung bleiben, und nochmals: Unsere Gene müssen daran beteiligt sein. Mir ist nicht bekannt, wie Gefühle in unserem Geist geweckt werden, aber ich weiß in jedem Fall, dass sich mein Herz, wenn ich zu Tränen gerührt bin, gereinigt anfühlt und kein Platz für Hass oder Verbitterung darin ist. Für ein langes, erfülltes Leben empfehle ich Ihnen unbedingt Aktivitäten und Beziehungen, die ehrliche Gefühle in Ihnen wecken, die aus tiefstem Herzen kommen.

Was nicht in unseren Genen steht, kann auch nicht getan werden

Einige Menschen behaupten, das menschliche Potenzial sei unendlich groß. Sie meinen, man könne alles tun oder werden, wenn man sich nur genügend anstrengt. Andere bestehen darauf, unsere Grenzen seien von Geburt an festgelegt, so wie eine Kaulquappe zu einem Frosch werden muss. Oft führen diese gegensätzlichen Standpunkte zu heißen Debatten. Tatsache ist, dass wir nichts tun können, wenn es nicht bereits in unseren Genen vorprogrammiert ist. In diesem Sinne sind das menschliche Potenzial und die menschliche Leistungsfähigkeit in der Tat begrenzt.

Wenn ich plötzlich Charakterzüge an den Tag lege, die sich bisher so nicht gezeigt haben – wenn ich zum Beispiel plötzlich arbeitsamer, ausdauernder oder friedfertiger werde –, dann treten einfach Charakterzüge in Erscheinung, die bisher noch nicht an die Oberfläche vorgedrungen sind. Entweder wurde der genetische Schalter für diese Fähigkeiten eingeschaltet oder der genetische Schalter für Charakterzüge wie Faulheit oder Vergnügungssucht wurde aus irgendeinem Grund ausgeschaltet. Die Leistungsfähigkeit eines Menschen ist vollständig in seinen Genen verschlüsselt.

Allerdings müssen wir daran denken, dass nach heutigem Kenntnisstand nur fünf oder höchstens zehn Prozent der Gene im gesamten menschlichen Genom oder genetischen Informationssatz zu einer bestimmten Zeit arbeiten, während die übrigen ruhen. Anders ausgedrückt: Obwohl das Genom in jeder Zelle drei Milliarden genetische Informationen enthält, die in den Buchstaben A, T, C und G verschlüsselt sind, kommt der überwiegende Teil der Gene nicht zum Einsatz. Zwar habe ich gesagt, das menschliche Potenzial sei begrenzt, aber meine Definition von "begrenzt" unterscheidet sich grundlegend von der gängigen Auslegung.

Erstens gibt es stets für alles eine Möglichkeit. In diesem Sinne ist die Sichtweise, das menschliche Potenzial sei grenzenlos, nicht falsch.

Was auch immer unser Gehirn für möglich hält, ist auch möglich, und über was auch immer wir nicht nachdenken, befindet sich jenseits des Möglichen und Unmöglichen zugleich. Das Flugzeug zum Beispiel wurde erfunden, weil jemand dachte: "Ich will fliegen wie ein Vogel." Obwohl das menschliche Potenzial wissenschaftlich gesprochen begrenzt ist, müssen wir uns dieser Grenze nicht bewusst sein, weil die in unseren Genen verschlüsselten Informationen alles bei weitem übersteigen, was wir uns je vorstellen könnten.

Momentan liegt die menschliche Grenze im 100-Meter-Lauf der Olympischen Spiele etwas unter zehn Sekunden. Von dem Standpunkt aus, das menschliche Potenzial sei grenzenlos, ist es denkbar, dass dieser Rekord auf acht Sekunden, sieben Sekunden oder noch weniger gestutzt werden könnte. Der heutige Mensch ist vergleichsweise größer als seine Vorfahren. Sollten die Menschen weiterhin immer größer werden, dann könnten in ferner Zukunft einige eine Größe von drei oder gar fünf Metern erreichen. Ich persönlich bezweifle das allerdings, weil ich nicht glaube, dass in unseren genetischen Informationen so etwas vorgesehen ist.

Einige fragen sich nun vielleicht: "Ich sehe ein, dass ich nichts tun kann, wenn es nicht in meinen Genen steht. Aber müsste ich nicht 100 Meter in zehn Sekunden schaffen können? Auch das muss in meinen Genen geschrieben stehen." Wir können nicht endgültig sagen, der Grund, dass wir nicht so schnell laufen können wie Carl Lewis, sei ein Mangel dieser Fähigkeit. Vielleicht schlummert sie einfach nur, weil die entsprechenden Gene ausgeschaltet sind. Wenn wir von einem Löwen oder Panter verfolgt werden, kann jeder von uns als Reaktion auf diese Notlage 100 Meter in zehn Sekunden laufen. Aber wie alle Lebewesen können auch Menschen nicht über die Grenzen dessen hinausgehen, was in ihren Genen geschrieben steht.

In dem chinesischen Märchen "Die Reise nach dem Westen" wird Songoku, ein Affe, von Buddha aufgefordert, von dessen Handfläche zu springen. Er legt weite Strecken zurück und markiert fünf Pfeiler in verschiedenen Ländern, um zu beweisen, wo er überall gewesen ist, nur um am Ende festzustellen, dass alles eine Illusion war. Er hat einfach die fünf

Finger auf Buddhas Hand markiert. Songoku hat fantastische Fähigkeiten unter Beweis gestellt, dennoch konnten diese Fähigkeiten nicht die Macht des Buddha übersteigen. Auch wir legen vielleicht irgendwann glänzende neue Fähigkeiten an den Tag, aber sie gehen nicht über das hinaus, was bereits in unseren Genen geschrieben steht und nur darauf wartet, entdeckt zu werden. Unsere Gene können alles möglich machen, was wir für unmöglich halten.

Wunder geschehen immer wieder. Bei den meisten Wundern ereignet sich etwas, was Menschen für unmöglich hielten. Genetisch gesprochen gehören Wunder aber durchaus zum Programm. Wir alle sind mit dem Potenzial geboren, zu einem lebendigen Wunder zu werden.

Talent kann in jedem Alter aufblühen

An der Aktivierung der Gene sind drei Faktoren beteiligt: Die Gene selbst, die Umwelt und der Geist. Ich meine, dass von diesen dreien die Gene vielleicht am meisten missverstanden werden. Viele Menschen glauben, an ererbten Eigenschaften gäbe es nichts zu rütteln. Wenn sie schlecht in Naturwissenschaften oder Mathematik sind, machen sie sofort ihre Eltern mit ihren mangelhaften Fähigkeiten dafür verantwortlich. Und auch die Eltern geben dann alle Erwartungen an ihre Kinder auf und glauben, dass man eben nichts daran ändern kann. Es stimmt, dass Intelligenz und Sportlichkeit mit den Genen im Zusammenhang stehen. Aber das heißt nicht, dass es dem Einzelnen an diesen Eigenschaften komplett mangelt. Sie sind vorhanden, wurden aber einfach noch nicht eingeschaltet. Wie sonst sollten wir uns ein Genie erklären? Ein Genie ist jemand, dessen Gene, die die Generationen vor ihm an ihn vererbt haben, plötzlich durch irgendetwas aktiviert wurden. Dass die Kinder von Genies oft ganz gewöhnliche Menschen sind, liegt vermutlich daran, dass der genetische Schalter von einer Generation zur nächsten ein- und wieder ausgeschaltet wird.

Es ist möglich, dass unsere Gene nicht nur die von einer Generation zur nächsten weitergegebenen Erinnerungen und Fähigkeiten beinhalten, sondern auch die des gesamten Evolutionsprozesses, der sich über mehrere Milliarden Jahre erstreckt. Dass der menschliche Embryo im Mutterleib den Prozess der Evolution wiederholt, lässt darauf schließen, dass diese Informationen in den Genen der ersten Zelle enthalten sind. In den Genen jedes Einzelnen ist das Potenzial der gesamten Menschheit enthalten. Deshalb sollten Eltern, die auf einem Gebiet glänzen, nicht über ein Kind enttäuscht sein, bei dem das nicht der Fall ist. Mittelmäßige Leistungen bedeuten einfach nur, dass die Gene des Kindes nicht eingeschaltet sind – noch nicht. Man kann nie sagen, wann und wodurch ein Talent entfacht wird.

Gene altern nicht. Mit wenigen Ausnahmen sind die Gene, die Sie als Teenager haben, noch dieselben, wenn Sie 80 sind. Würden Gene altern, dann könnten Sie keine genetischen Informationen an Ihre Nachkommen weitergeben. Deshalb können wir davon ausgehen, dass Gene nicht altern, zumindest nicht grundlegend. Wenn Sie ein normales Leben führen, werden sich Ihre Gene nur sehr geringfügig verändern. Als Reaktion auf ungewöhnliche äußere Umstände kann das zwar passieren, zum Beispiel auf Grund von Strahlung oder schädlichen Arzneistoffen wie Thalidomid, aber größtenteils bleiben sie stabil. Es ist nie zu spät, Ihr wahres Potenzial zu entfalten.

Ich habe von Menschen gehört, die körperliche oder andere Schwächen ihrer Kinder der Tatsache zuschreiben, dass die Kinder geboren wurden, als die Eltern schon älter waren. Aber da Gene nicht altern, sind Kinder junger Eltern nicht automatisch den Kindern von Eltern überlegen, die ihre Kinder erst mit Fünfzig bekommen. Der berühmte japanische Schriftsteller Natsume Soseki wurde geboren, als seine Eltern schon so bejahrt waren, dass er als "Kind der Schande" betitelt wurde. Er war weit davon entfernt, irgendwie benachteiligt zu sein, und hinterließ ein großartiges Lebenswerk. Die Fähigkeit zur Blüte haben wir in jeder Lebensphase, ungeachtet unseres Alters. Alles ist möglich, so lange wir den leidenschaftlichen Wunsch und die

Energie haben, es zu tun. Das einzige Hindernis ist der Gedanke "Ich kann nicht."

Es ist auch nie zu *früh*, damit anzufangen, das eigene Potenzial zu entfalten, und deshalb ist die vorgeburtliche Erziehung so wichtig. Mit vorgeburtlicher Erziehung meine ich, dass die schwangere Mutter bewusst gute Musik hört, gute Bücher liest, sich "gute Kunst" anschaut und liebevoll mit dem Ungeborenen spricht, um es schon dann zu erziehen. Dazu gehört auch, Dinge zu vermeiden, die negative Gefühle wecken, weil man davon ausgeht, dass sie für den Fötus schädlich sind.

Auch sollten wir daran denken, dass die Gene jedes Einzelnen einzigartig sind. Der Vater war vielleicht gut in Mathematik, aber das bedeutet noch lange nicht, dass seine Kinder sich ebenfalls in diesem Bereich hervortun werden. Es gibt zahllose Beispiele von Künstlern, die in Familien hineingeboren wurden, die im Vorfeld gar keine künstlerischen Fähigkeiten an den Tag gelegt hatten.

Kinder von Eltern mit hohem IQ sind auch nicht automatisch intelligenter als andere. Tatsächlich kommt es sogar viel häufiger vor, dass solche Kinder einen niedrigeren IQ haben, während Kinder von Eltern mit geringerer Intelligenz mit höherer Wahrscheinlichkeit einen höheren IQ aufweisen. Den Grund kennen wir nicht, aber die Gene scheinen zum Mittelwert zu tendieren. Wenn Menschen mit dem Potenzial zur grenzenlosen Erhöhung ihrer Fähigkeiten programmiert worden wären, dann würden sie auch das Potenzial zum Gegenteil in sich tragen, zur grenzenlosen Verringerung ihrer Fähigkeiten. Da so das Überleben der Menschheit gefährdet wäre, scheint die Natur automatisch eine Art Angleichung vorzunehmen. Das Ziel der Natur ist Vielfalt. Es ist unerheblich, ob Menschen mit hohem IQ untereinander heiraten, und wenn Menschen mit niedrigerem IQ untereinander heiraten, hat das genauso wenig Vor- oder Nachteile. Das Potenzial bleibt ungeachtet der Kombination immer das gleiche. Jeder kann die in seinem Inneren schlafenden wunderbaren Talente entfalten. Alles, was man tun muss, ist, die eigenen Gene zu aktivieren.

III

EINSTELLUNG UND UMGEBUNG KÖNNEN IHRE GENE VERÄNDERN

Eine neue Umgebung kann der Auslöser sein

Lassen Sie mich zu Beginn dieses Kapitels erzählen, wie meine eigenen Gene durch eine neue Umgebung aktiviert wurden. Vor mehr als 30 Jahren kam ich in die Vereinigten Staaten, um an einer Universität als Forschungsassistent zu arbeiten. Ich kam gerade frisch von der Hochschule, mit einer Empfehlung von Hisateru Mitsuda in der Tasche, einem meiner Professoren. In diesem Jahrzehnt in Amerika wurde ich erst wirklich zum Wissenschaftler.

Wer weiß, was ich geworden wäre, wenn ich in Japan geblieben wäre? Ich glaube nicht, dass ich im Wissenschaftsbereich Erfolg gehabt hätte. Als Student verbrachte ich mehr Zeit mit Belanglosigkeiten als im Hörsaal. Meine Energie und mein Enthusiasmus waren schon für gemeinsame Aktivitäten mit Studentinnen einer Frauenuniversität reserviert, dazu gehörten Wanderausflüge, Partys und Lesezirkel. Von Freunden, die sich nur für ihr Studium interessierten, hatte ich mich distanziert. Dementsprechend ließen meine Noten natürlich viel zu wünschen übrig.

Jahre später, als meine Forschungsarbeiten allmählich in den Medien veröffentlicht wurden, waren meine ehemaligen Kommilitonen fassungslos, dass ich derselbe Kazuo Murakami sein sollte, den sie von früher kannten. Auf Ehemaligentreffen sagen sie jedes Mal, ich sei derjenige, der sich am meisten verändert habe.

Das japanische Universitätssystem war ein Teil meines Problems. Die Universitäten dort waren wie Elfenbeintürme, ohne Interesse dafür, was in der Welt da draußen eigentlich vor sich ging. Ihre dreiste Behauptung, sie seien zu beschäftigt damit, "die Wahrheit zu ergründen", machte Eindruck, aber ehrlich gesagt war sie nur eine Entschuldigung fürs Nichtstun. Und genau das war an der Universität auch möglich. Einige Professoren prahlten damit, ihre Forschung würde erst in hundert Jahren wirklich anerkannt werden. Wie konnten sie erwarten, dass irgendjemand so eine Arbeit anerkannte?

Zudem herrschte in den japanischen Universitäten eine strenge Hierarchie. Die Studenten hätten es nie gewagt, auch nur davon zu träumen, eines Tages höher im Rang zu stehen als ihre Professoren. Mittlerweile geraten dieselben Universitäten nun für ihr blindes Festhalten an Konventionen, für ihre Philosophie des "Friedens um jeden Preis" und für ihre bürokratische Vorgehensweise, die nur auf Selbsterhaltung aus ist, unter Beschuss. All das war jedoch gang und gäbe, als ich noch Student war.[*]

Die Professoren jener Zeit waren am Gipfel der Universitätshierarchie angesiedelt, gefolgt von den Assistenzprofessoren, Dozenten, Forschungsassistenten und schließlich den Studenten. Selbst wenn man das Zeug dazu hatte, war es – und ist es noch immer – schwer, sich bis zur Spitze vorzuarbeiten. Viele junge, ehrgeizige Forschungsassistenten finden dieses System nicht nur unangenehm, sondern so perspektivlos,

---

Japan hat mutige Schritte unternommen, um gegen diese Mängel in seinem akademischen System vorzugehen. Die im Juli 1994 gegründete Tsukuba Advanced Research Alliance (TARA) tritt für fortschrittliche, interdisziplinäre Forschung durch Zusammenarbeit zwischen Regierung, Industrie und Hochschulen ein – die bisher klar voneinander getrennt waren. Es werden Wissenschaftler auch aus der ganzen Welt eingestellt, nicht mehr nur aus Japan. Die TARA-Forschungsprojekte werden nach einem bestimmten Zeitraum von objektiven Stellen neu bewertet. Viele Universitäten haben die TARA-Maßnahmen übernommen, zudem schaffen sie nun das System ab, unter dem bisher jeder dasselbe Gehalt bekam, ob er sich anstrengte oder im Labor schlief, und Stipendiaten werden zunehmend auf Grund ihrer Leistungen ausgewählt. Als Ergebnis wecken die Universitäten nun mehr Interesse bei Studenten, und diese bleiben an den Universitäten.

dass sie in andere Länder gehen und in Japan für eine Abwanderung von Wissenschaftlern und hochqualifizierten Arbeitskräften sorgen.

Was mich betrifft, so hatte ich mich bereits damit abgefunden, Forschungsassistent zu werden. Ich wusste, dass es so gut wie unmöglich war, zur Position eines Professors aufzusteigen. Und im Grunde war ich nicht die Art Student, die bei anderen hohe Erwartungen weckte. Ich war aber der Überzeugung, es würde mir genügen, den Rest meines Lebens auf den unteren Rängen mitzuspielen. Glücklicherweise erhielt ich die Chance, in die Vereinigten Staaten zu gehen. Obwohl Amerika verglichen mit Japan eine extrem konkurrenzbetonte Gesellschaft ist, sagte sie mir perfekt zu, und plötzlich verwandelte ich mich in einen ambitionierten Wissenschaftler.

Wie wir bei dem Enzyme produzierenden Gen gesehen haben, das aktiviert wurde, als *E. coli*-Bakterien nichts außer Laktose als Nahrung angeboten bekamen, können ehemals schlafende Gene in einer neuen Umgebung plötzlich zum Leben erweckt werden. Die Gene machen sich sofort an die Arbeit, als hätten sie nur auf diese Chance gewartet. Ich bin der Überzeugung, dass dasselbe Phänomen auch beim Menschen auftritt. Ein neuer Anreiz in einer neuen Umgebung kann zu einer plötzliche Wandlung führen. Die Japaner sagen oft: "Ändere deine Einstellung, und strenge dich an." Diese Änderung der geistigen Haltung kann Gene wecken, von deren Existenz Sie nie etwas geahnt hatten.

In meinem Fall stellte die neue Umgebung im Westen meine Auffassungen in Frage, was es heißt, Forscher und Professor zu sein. Ich war überrascht, wie sehr die Professoren sich hier anstrengten. Sie arbeiteten und forschten von morgens bis abends aus eigener Initiative. Zum Abendessen gingen sie nach Hause, es war aber nicht ungewöhnlich, wenn sie danach wieder an ihren Arbeitsplatz zurückkehrten. Das ist genau wie beim Geschäftsführer einer kleinen Firma: Wenn ein Professor keine Arbeitsbereitschaft unter Beweis stellt und nicht danach strebt, an die Spitze zu kommen, werden seine Studenten das Vertrauen in ihn verlieren und ihn im Stich lassen.

Die amerikanischen Professoren schauen immer wieder vorbei und fragen die Forschungsmitarbeiter: "Was gibt's Neues?" In der wissenschaftlichen Forschung kann man sich glücklich schätzen, wenn man einmal im Jahr mit etwas Neuem aufwarten kann. Die Universitätsprofessoren wissen das ganz genau. Trotzdem machen sie schon fast bis zur Besessenheit jeden Tag die Runde. Manchmal stellt ein Professor mittags diese Frage und kommt später abends mit der Frage zurück: "Was gibt's heute Abend Neues?" Eine Neuentwicklung in einer so kurzen Zeitspanne ist extrem unwahrscheinlich, aber die Professoren in meiner neuen Umgebung waren sehr darauf aus, immer auf dem neuesten Stand der Informationen zu sein.

Ich fühlte Erfurcht vor ihrer Dynamik und ihrem Forschungsenthusiasmus. Schon bald erkannte ich allerdings, dass dieses Engagement im Wettbewerb der wissenschaftlichen Forschung unabdingbar ist. Selbst die Stellung eines Nobelpreisträgers ist keineswegs sicher. Der Preis sorgt nur ein paar Jahre lang für Prestige. Wenn man nach dem Erhalt des Nobelpreises müßig bleibt, wird man gezwungen, das Handtuch zu werfen. Auswahlgremien für Forschungsbeihilfen, deren Mitglieder oftmals junge Professoren oder Assistenzprofessoren sind, teilen einem dann unverhohlen mit, dass man seine Forschung aufgeben muss. Es ist wie bei den Sumo-Ringern: So lange man gewinnt, steigt man im Rang immer höher, aber sogar ein *Yokozuna*, der den Ehrenplatz ganz oben in der Hierarchie einnimmt, ist zum Rückzug gezwungen, wenn er eine Pechsträhne hat und verliert. Jeder, der nach einem beachtlichen Preis wie dem Nobelpreis keine gute Arbeit abliefert, wird degradiert, was zeigt, wie intensiv der Wettbewerb tatsächlich ist.

Wenn das System schon hart für die Professoren ist, dann ist es natürlich für die niedrigeren Ränge, wie etwa die Forschungsassistenten, noch schlimmer. Wenn man als Forschungsassistent innerhalb von drei Jahren nichts Beachtenswertes erreicht hat, hat man kein Recht, sich zu beschweren, wenn man gefeuert wird. In meiner Zeit dort verloren viele aus meinem Umfeld ihren Job. Man kann sogar Professor sein und eines Tages den Job wechseln – und als Taxifahrer neu anfangen.

Diese Vorgänge, die ganz bezeichnend für eine wettbewerbsbetonte Gesellschaft sind, sind an einer japanischen Universität unvorstellbar. Wenn ein japanischer Nobelpreisträger Interesse an einem bestimmten Forschungsprojekt bekundet, würde niemand im Entferntesten daran denken, dies abzulehnen. Auch würde kein Professor dafür gefeuert werden, zu keinen bemerkenswerten Forschungsergebnissen zu kommen. Das hohe Ansehen, das man Nobelpreisträgern in Japan entgegenbringt, mag teilweise an ihrer geringen Anzahl liegen. Es gibt nur acht – gegenüber 200 amerikanischen Nobelpreisträgern. Ich bin jedoch davon überzeugt, dass diese ungleiche Behandlung auch an den grundlegenden Unterschieden der jeweiligen Umgebung liegt. An den japanischen Universitäten regiert ein Professor über seine Studenten wie ein Feudalherr, und junge Forschungsassistenten, die gerne aufsteigen möchten, müssen ihm ihre Loyalität geloben. Wenn im Gegensatz dazu ein Professor in Amerika einen schwachen und unzuverlässigen Eindruck macht, werden ihn seine Studenten, die weit von Loyalität entfernt sind, schnell fallen lassen, aus Angst, dass sie mit ihm nie wirklich weiterkommen werden. Beide Systeme sind offenkundig sehr unterschiedlich.

Natürlich hat ein extrem wettbewerbsbetontes System auch seine Nachteile. Mir aber, weichgespült von der lauwarmen japanischen Hochschulwelt, erschien alles in Amerika erfrischend neu und belebend und gab mir das Gefühl, dass die Arbeit sich lohnte.

Die Möglichkeit, an der Seite von Nobelpreisträgern zu arbeiten, war ebenfalls sehr anregend. In Japan sind sie nicht nur spärlich gesät, sondern spielen auch in einer ganz anderen Liga. In den Vereinigten Staaten gibt es unzählige, und sie sind zugänglich, so dass die Studenten sich ausmalen können, auch einmal so weit zu kommen. Eigentlich hat jeder das Ziel, den Nobelpreis zu gewinnen, während die meisten japanischen Studenten niemals auch nur daran denken würden. Wenn man an der Seite von Nobelpreisträgern arbeitet, erkennt man, dass auch sie, auch wenn sie sicher viele bewundernswerte Eigenschaften haben, einfach nur Menschen wie du und ich sind. Das öffnet einem die Augen für neue

Möglichkeiten; man beginnt zu glauben, dass man selbst auch dazu in der Lage ist. Ich fand diese Umgebung, die den Menschen ihr Potenzial sehr stark bewusst macht, äußerst attraktiv.

Wachstum entsteht durch Entwicklung

Aus Erfahrung weiß ich, dass es sich auszahlt, wagemutig zu sein und die Umgebung zu wechseln, wenn man in eine Sackgasse gerät. Wachstum entsteht beim Menschen durch Entwicklung. Eine drastische Veränderung der Umgebung und die Begegnung mit Neuem kann die perfekte Gelegenheit sein, um schlafende Zellen zum Leben zu erwecken. Wahrscheinlich haben Sie schon von Studenten gehört, die plötzlich verantwortungsbewusst werden, wenn sie ins Studentenwohnheim ziehen, während sie zu Hause nie einen Schlag getan oder fürs Studium gelernt haben. Natürlich gibt es auch oft das genaue Gegenteil, aber im Allgemeinen tendieren Menschen dazu, zu wachsen und sich weiter- statt zurückzuentwickeln.

Viele amerikanische Studenten machen ihr Undergraduate-Studium an einer Universität, ihren Magister an einer anderen und ihre Doktorarbeit wieder an einer anderen. Dadurch werden sie mit vielen verschiedenen Lehrern konfrontiert. Obwohl die Kontinuität darunter eher leidet, haben sie den Vorteil, sich weiterzuentwickeln. Dazu kommt, dass die Professoren in den Vereinigten Staaten alle sieben Jahre in einen einjährigen akademischen Urlaub gehen. Sie genießen das Privileg, die Universität komplett zu verlassen und zu tun, was ihnen beliebt. Diese Erfahrung ist äußerst sinnvoll und eine großartige Gelegenheit, zu neuer Frische zu finden. Der überwiegende Teil der Professoren verbringt das Jahr in einem anderen Land und wird mit einer vollkommen anderen Kultur konfrontiert. Die meisten Amerikaner gehen nach Europa. Dabei geht es darum, dass die Universitäten den Professoren die Möglichkeit geben, einmal von ihrem Arbeitsplatz wegzukommen und zu neuen Ideen und Forschungsgegenständen zu kommen.

Für Susumu Tonegawa hatte diese Form der Weiterentwicklung den Nobelpreis für Physiologie oder Medizin zur Folge. Zunächst zog Tonegawa aus Japan in die Vereinigten Staaten, um Molekularbiologie zu studieren. Erst dort begann er, wirklich hervorragende Leistungen in seinem Gebiet zu erbringen. Danach verbrachte er mehrere Jahre in Europa, wo er an bahnbrechenden Forschungen beteiligt war, und kehrte dann in die Vereinigten Staaten zurück, um ein neues Forschungsprojekt zu starten, wonach er dann schließlich den Nobelpreis als Anerkennung seiner Leistungen erhielt.

Ohne solche Gelegenheiten ist es schwierig, sich von neuen Ideen inspirieren zu lassen. Ich rate Ihnen, von Zeit zu Zeit aus Ihrer normalen Routine auszusteigen, um zu sehen, was andere Orte und Menschen zu bieten haben. Wenn Sie immer am selben Ort bleiben und denselben Job machen, ohne Ihre Umgebung zu wechseln oder die Menschen, mit denen Sie zu tun haben, wird auch alles andere statisch bleiben, auch Ihre Einstellung. Wenn Sie in derselben Umgebung bleiben, ohne sich jemals fehl am Platz zu fühlen, werden Sie nie das Leben jenseits dieser Grenzen kennen lernen. Werfen Sie Ihre Gewohnheiten regelmäßig über Bord, um sich zu erfrischen und zu stärken – geistig wie körperlich.

Eine andere Umgebung kann bewirken, dass Sie neue Dinge sehen und ein neues Leben beginnen. Meine Begegnung mit dem Enzym Renin, das mein Lebenswerk werden sollte, war die Folge einer solchen Veränderung. Zu jener Zeit war meine Position an der Fakultät des Medical Center der Vanderbilt-Universität in Nashville, Tennessee, gefährdet. Ich hatte keine nennenswerten Forschungsergebnisse vorgelegt, und meine Vorlesungen kamen in den Bewertungen der Studenten wegen meines gebrochenen Englischs nur schlecht weg. Die Wirtschaft der Vereinigten Staaten, die gerade aus dem verhängnisvollen Vietnamkrieg herausfand, befand sich in einer Rezession, und infolgedessen wurden die Leistungen von ausländischen Professoren wie mir härter beurteilt als die unserer amerikanischen Kollegen.

Dr. Stanley Cohen, ein ziemlich exzentrischer Professor, arbeitete zufällig in der Nähe meines Labors. Ein Jahrzehnt später erhielt er den Nobelpreis, doch als ich ihn zum ersten Mal traf, wäre ich nie darauf gekommen, dass aus ihm einmal ein weltberühmter Wissenschaftler werden würde. Im Gegensatz zu den meisten Nobelpreisträgern, in deren Laboren immer eine Menge los war und die ein Anziehungspunkt für junge Forscher waren, hatte Cohen nur zwei Forschungsassistenten, und sein Labor war das kleinste und schäbigste im gesamten Medical Center. Er sah bei weitem nicht nach einem Nobelpreisträger aus. Dazu kam, dass er vor dieser bescheidenen Kulisse Forschungen über Wachstumshormone an Mäusen durchführte. Er scheute die neuesten Geräte und stützte sich stattdessen auf die primitivsten, überholtesten Forschungsmethoden, indem er Mäusen bestimmte Substanzen injizierte und sich dann die Ergebnisse ansah. Während er damit prahlte, dass er das Wachstumshormon erfolgreich aus den Speicheldrüsen extrahiert und aufgereinigt hatte, neigte er dazu, sich viel zu beschweren, und zu jener Zeit hielt ich ihn für einen langweiligen alten Mann.

Eines Tages stürzte er in mein Labor und rief: "Ich glaube, ich habe eine große Entdeckung gemacht. Dieses Hormon steuert nicht nur das Wachstum, sondern es steht auch mit dem Blutdruck in Verbindung. Wollen Sie meine Forschungsarbeit nicht unterstützen?" Da ich selbst noch keine nennenswerten Forschungen vorgelegt hatte, fand ich, dass ich mich schlecht weigern konnte, und so verbrachte ich das nächste Jahr damit zu untersuchen, ob dieses Wachstumshormon und das Hormon, das den Blutdruck ansteigen ließ, ein und dasselbe waren. Was wir nach einem Forschungsjahr entdeckten, war, dass Cohen einen Fehler gemacht hatte. Trotz seiner Behauptung, das Extrakt sei ein reines Produkt, enthielt es dennoch winzige Spuren einer anderen Substanz – das Enzym Renin, das als grundlegender Faktor für Bluthochdruck bekannt ist.

Dank dieser Forschungen begann ich dieses Enzym zu erforschen und entschlüsselte später als Erster den Gencode von menschlichem Renin. Wäre ich Cohen nicht begegnet und hätte ich ihn nicht unterstützt, und hätte er nicht diesen Fehler gemacht, dann wäre mein Leben ganz anders verlaufen. Vielleicht versuchte ich unbewusst, meine Forschungsumgebung zu verändern, da ich mir um meine Zukunft Sorgen machte. Ich sage "unbewusst", weil ich, wenn ich bewusst entschieden hätte, den Forschungsbereich zu wechseln, mir sicherlich etwas anderes ausgesucht hätte. Später erfuhr ich, dass die meisten Wissenschaftler einen Bogen um Forschungen zur genauen Beschaffenheit von Renin gemacht hatten, weil es zu viele Risiken dabei gab.

Alle Bemühungen namhafter Wissenschaftler, Renin aufzureinigen, waren fehlgeschlagen, und das über mehrere Jahrzehnte, so dass das Enzym unter den Wissenschaftlern einen schlechten Ruf hatte. Die Erforschung dieses Bereichs war irgendwie tabu. Da ich mit Sicherheit keine Ergebnisse erwarten konnte, wo so viele große Wissenschaftler gescheitert waren, hätte ich mir, wenn ich vor die Wahl gestellt worden wäre, einen Bereich ausgesucht, der mehr versprach.

Sobald ich anfing, wurde mir von mehreren Seiten davon abgeraten, ein Punkt, auf den ich später noch zurückkommen werde. Aber eines liegt auf der Hand: Indem ich Cohen unterstützte, veränderte ich meine Forschungsumgebung, und die Folge war ein neues Leben. Wäre ich ihm nicht begegnet, wäre ich entweder gefeuert worden oder wäre deprimiert und wie ein begossener Pudel aus eigenen Stücken wieder nach Japan zurückgekehrt. Und wäre ich zu jener Zeit nach Japan zurückgekehrt, dann hätte ich die Forschung mit Sicherheit komplett aufgegeben und irgendeine andere Beschäftigung gefunden.

Informationen können Ihr Leben verändern

Neben einer neuen Umgebung sind auch Informationen ein Faktor, der Ihr Leben verändern kann. Dass Informationen wichtig sind, hören Sie in der modernen Informationsgesellschaft bestimmt nicht zum ersten Mal; ich meine damit aber die direkte, persönliche Kommunikation, eine Informationsquelle, die nur allzu oft übersehen wird.

In der Wissenschaft gibt es zweierlei Arten von Informationen: offizielle Informationen aus etablierten, anerkannten Quellen, und inoffizielle Informationen aus persönlichen Quellen. In der Forschung sind letztere oft ausschlaggebend. Man hat leichten Zugriff darauf. Man muss nur außerhalb des Arbeitsplatzes viele verschiedene Menschen treffen. Der üblichste Weg, um an Informationen zu gelangen, ist, gut essen zu gehen. So erzählt man bei einem Gläschen Wein zum Beispiel von den Forschungen, in denen man gerade steckt. Daraufhin schildert der andere vielleicht, was er oder andere Leute gerade machen. Diese Form des Austauschs ist nicht nur in der Forschung wichtig, sondern ist natürlich auch für Ihre sonstigen Berufswünsche und Interessen von Belang.

Informationen sind in der wissenschaftlichen Forschung äußerst wichtig, um erfolgreich zu sein. Meiner Erfahrung nach wird ein Wissenschaftler, je kompetenter er ist, umso größere Anstrengungen unternehmen, als Erster an zuverlässige, unveröffentlichte Informationen zu gelangen. Ein japanischer Professor, mit dem ich zusammenarbeitete, war in diesem Bereich ganz hervorragend. Er lebte schon seit 30 Jahren in den Vereinigten Staaten, und seine Forschungsergebnisse waren beeindruckend. Mir fiel auf, dass er bei Zusammenkünften von Studenten und Wissenschaftlern nie etwas aß. Als ich ihn nach dem Grund fragte, sagte er: "Wie soll ich denn gerade jetzt essen? Hier könnte jemand sein, den ich vielleicht nie mehr wieder treffe." So vielen Menschen wie möglich zu begegnen war also wesentlich wichtiger als Essen.

Einmal war ich auf einem Seminar, dessen Teilnehmer mehrere Tage lang im selben Hotel wohnten. Es nahmen etwa 100 Studenten daran teil. Obwohl den Professoren Privatzimmer zugestanden wurden, wohnte dieser bestimmte Professor lieber in einem Zimmer mit mehreren Graduate-Studenten, weil er so die Chance hatte, die Ansichten junger Leute kennen zu lernen und Freundschaften entstehen zu lassen. So erpicht war er darauf, an Informationen zu kommen. Eine Woche lang im selben Zimmer zu wohnen konnte der Beginn wichtiger Freundschaften sein, und vergrößerte persönliche Netzwerke können sehr nützlich sein, um an Informationen zu gelangen. Eine einzige Information, argumentierte er, könne das ganze Leben verändern. Er könnte Recht haben.

Es gibt viele unterschiedliche Arten, Netzwerke zu schaffen und Informationen zu sammeln. Einige Menschen finden, dass der wöchentliche Gang in die Kirche, in die Synagoge oder in den Tempel eine günstige Gelegenheit ist, um Informationen auszutauschen oder Neuigkeiten zu hören. Wie auch immer Ihre Interessen und Neigungen aussehen: Mit Gleichgesinnten in einer Gemeinschaft oder einer Berufsorganisation aktiv zu sein, gibt Ihnen die Chance, Ihre Gene in Gang zu bringen und Ihr Potenzial zu wecken. Informationsaustausch durch persönliche Beziehungen kann Ihr Leben verändern. Lassen Sie nicht zu, dass diese Gelegenheiten ungenutzt an Ihnen vorüberziehen.

Der Wert der Zusammenarbeit

Eine weitere Eigenschaft einer Umgebung, die hilft, nützliche Gene einzuschalten, ist, dass harte Arbeit belohnt wird. Das Wissen, dass man das, was man eingebracht hat, wieder zurückbekommt, motiviert Menschen dazu, sich mehr anzustrengen.

Wettbewerb gibt es überall in der Gesellschaft, und meiner Erfahrung nach ist die wissenschaftliche Forschung ein ständiges Ringen um Ruhm. Wissenschaftler erhalten die Chance, ihren Namen "im Rampenlicht" zu sehen, wenn sie eine Forschungsarbeit veröffentlichen. Die Anzahl der Arbeiten und das Medium, in dem sie veröffentlicht werden, sowie die Reaktion darauf bestimmen den Wert eines Wissenschaftlers. Zwar werden alle an der Forschung Beteiligten in der Arbeit genannt, aber der oberste Name hat den höchsten Wert, weil die geschilderten Erfolge dieser einen Person zugeschrieben werden. Infolgedessen gibt es oft Streitigkeiten darüber, wessen Name an erster Stelle stehen soll.

In einem solchen System können die Leistungen mancher trotz emsiger Bemühungen unerkannt bleiben, ganz einfach deshalb, weil sie in der

Hierarchie einen niedrigeren Rang einnehmen. Wenn das regelmäßig der Fall ist, werden diese Menschen entmutigt, und ein enthusiastischer und kompetenter Mensch beschließt dann vielleicht sogar aufzugeben. In jedem Fall aber wird das Labor keine guten Forschungsergebnisse mehr vorlegen können.

Das ist die übliche Vorgehensweise, ich selbst allerdings halte mich in meinem Labor nicht daran. In meinem Labor kommt derjenige, der in der Forschung am härtesten gearbeitet hat, ganz oben auf die Liste, ungeachtet seiner Erfahrung, seiner bisherigen Leistungen oder seines Ranges. An letzter Stelle wird der Leiter der Forschungsgruppe genannt. Gruppenleiter sind normalerweise Assistenzprofessoren oder Dozenten. Wenn der Name des Gruppenleiters vier oder fünf Jahre lang am Ende der Liste gestanden hat, wird seine Führungskompetenz mit einer Promotion anerkannt. Anders ausgedrückt sind bei uns die in einer Arbeit geschilderten Ergebnisse die Leistung desjenigen, der am härtesten gearbeitet hat, und die des Gruppenleiters, der nach vier oder fünf Jahren habilitiert wird. In diesem System weiß jeder, dass seine Bemühungen belohnt werden.

Vielleicht fragen Sie sich nun, ob darin überhaupt irgendein Vorteil für den Professor liegt, der ja im Grunde der Boss ist. Wenn mein Labor in diesem System konsistent hervorragende Ergebnisse und talentierte Forscher hervorbringt, wird das Ansehen unseres Labors steigen. Da ich der Professor bin, werden sie als meine Leistungen betrachtet. In diesem System gewinnen alle.

Es gibt überall immer wieder Berichte über Menschen in Machtpositionen, die die Lorbeeren ihrer Untergebenen einheimsen. Dieses Verhalten entsteht, wenn vorausgesetzt wird, der Unterlegene könnte ja dasselbe tun, wenn er einmal an die Spitze kommt. Aber am Ende verlieren alle dabei. In genetischen Begriffen gesprochen ist das so, als würde die Führungskraft die guten Gene der Niederrangigen nacheinander abschalten, bis am Ende die gesamte Gruppe ihre Motivation verliert – und es ist die Führungskraft, die die Verantwortung für die Schwächung der Gruppe tragen muss.

Zu Ihren Aufgaben am Arbeitsplatz, in der Familie und in der Gemeinde gehören bestimmt ein paar, die von Ihnen verlangen, eine gute Führungskraft zu sein. Es ist wichtig, daran zu denken, dass Anerkennung hier eine wesentliche Rolle spielt, da die Gruppe so ihre Ziele besser erreicht. Wenn Leistungen und Werte unbeachtet bleiben, kann man fast fühlen, wie die Moral der Gruppe in den Keller sinkt. Harte Arbeit und gute Taten zu belohnen und einen Geist der Zusammenarbeit zu wahren ist eine der besten Methoden, um dafür zu sorgen, dass eine Gruppe stets reibungslos funktioniert. Und dazu kommt, dass Sie so auch noch von den aktivierten Genen der anderen profitieren können.

"Geben und geben" ist eine wirkungsvolle Methode, um Ihre Gene einzuschalten

Die meisten Menschen glauben, Geben und Nehmen sei die Grundlage aller menschlichen Beziehungen, und natürlich ist es so, dass die meisten erfolgreichen persönlichen und geschäftlichen Beziehungen auf diesem Prinzip basieren. Man betrachtet es als das Konzept, das den sozialen Verpflichtungen und Verantwortlichkeiten gerecht wird. Ich selbst habe aber festgestellt, dass "Geben und Geben" der Wahrheit näher kommt. Wenn Sie Ihre Gene einschalten wollen, ist eine "Geben und Geben"-Einstellung wesentlich effektiver.

Geben und Nehmen bedeutet, dass ich, wenn ich etwas gebe, im Gegenzug etwas zurückbekomme. Wenn Sie aber einmal genauer darüber nachdenken, werden Sie feststellen, dass das meiste, was Sie zurückbekommen, gar nichts Besonderes ist, nur ein natürliches Ergebnis, so wie wenn man ein Zugticket bekommt, wenn man Geld in den Automaten steckt. Das Größte erhalten wir aus dem Reich des Göttlichen zurück. Am besten ist es daher meiner Meinung nach, das Leben mit einer "Geben und Geben"-Einstellung zu führen.

Das typischste Beispiel für Geben und Geben sind Mutter und Kind. Eine Muter gibt ihrem Kind ständig etwas, ohne im Gegenzug etwas zu erwarten. Sie erwartet bewusst keinen Lohn, und doch erfährt sie durch ihr Handeln Zufriedenheit und Glück. Diese Gefühle der Freude und Inspiration wiederum aktivieren ihre nützlichen Gene.

In Amerika machen einige Studenten vom Nobelpreis-Kaliber kein Geheimnis aus ihrem Wissen, andere wiederum behalten es für sich, während sie geschickt Informationen aus anderen herausholen. Alle erbringen in ihrer Arbeit hervorragende Leistungen, Letztere versäumen es aber meist, neue Mitarbeiter zu schulen. Die Menschen scharen sich daher um diejenigen, die Geben und Geben praktizieren. Sie kommen zusammen, wachsen und entwickeln sich und bilden eine "Familie". Diese Familie wird zu einer Quelle der Kraft, so wie Volksgemeinschaften und Familien zusammenkommen, um Neuigkeiten auszutauschen.

In der heutigen wissenschaftlichen Forschung ist es einfach nicht mehr möglich, dass ein Genie sich nur auf Inspiration und harte Arbeit verlassen kann, um Erfolg zu haben. Im Trend liegt jetzt die Forschung in Teams aus einigen oder gar mehreren Dutzend Personen, die an einem gemeinsamen Thema arbeiten. Wenn man lebende Organismen erforscht, wird eines klar: Der Kopf ist nicht der wichtigste Teil des Körpers. Es gibt keine Hierarchie, da jeder Körperteil eine unersetzbare Funktion innehat. Es gibt viele Wege, eine Gruppe zu leiten – ich finde, dass ich durch meine Genforschungen das ideale System gefunden habe, denn sie haben mir die Schönheit gezeigt, mit der jedes Organ arbeitet, und insbesondere die Schönheit, mit der trotz der Unabhängigkeit jeder Zelle alle Organe und Gewebe gemeinsam absolut ganzheitlich einen lebenden Organismus bilden. Aus diesem Beispiel könnten wir vieles lernen und in unserem täglichen Umgang zum Ausdruck bringen.

Bringen Sie sich selbst in die Klemme, um Ihre Kräfte anzuzapfen

Wie die vorgenannten Beispiele gezeigt haben, können die richtige Umgebung und Einstellung helfen, Ihre guten Gene zu aktivieren und Ihr Potenzial zu verwirklichen. Ganz ohne Zweifel verfügen wir alle über ein enormes Potenzial, aber ich habe festgestellt, dass wir manchmal erst in die Enge getrieben werden müssen, um es anzuzapfen. Eine in die Enge getriebene Maus wird die Katze angreifen: Sie hat von Natur aus die Kraft zurückzuschlagen. Ich persönlich würde mich aber lieber selbst in die Klemme bringen, statt von jemand anderem in die Enge getrieben zu werden. Ich finde, die beste Methode dafür ist, "für den eigenen Weg aufzukommen". Mit anderen Worten: Wenn Sie Ihr Ziel erreichen wollen, müssen Sie in es investieren. Aus diesem Grund rate ich meinen Graduate-Studenten und Mitarbeitern häufig: "Stecken Sie Ihre Ersparnisse in den ersten drei Jahren in Ihre Forschung, auch wenn Sie Ihre Familie dazu überreden müssen. Innerhalb von drei Jahren wird es sich auszahlen." Am Ende siegt immer die Beharrlichkeit. Fast immer lohnt es sich, drei Jahre lang sein gesamtes Geld in die eigene Forschung zu investieren; falls nicht, bedeutet das, dass man entweder nicht kompetent genug ist oder man einfach kein Glück hatte. In den Fällen allerdings, die mir begegnet sind, zahlt es sich fast immer aus, und dann folgen die Finanzmittel. Projekte, die Ergebnisse zeitigen, ziehen Geld an; umgekehrt bedeuten keine Ergebnisse keine Finanzierung.

Ein von mir sehr geschätzter Professor erzählte mir einmal eine Geschichte über eine Kreditaufnahme: Als er dem Bankleiter sagte, er habe vor, die Finanzmittel für die Forschung einzusetzen, antwortete dieser, er sei der Erste, der jemals zu ihm gekommen sei, um Geld für die Forschung auszuleihen statt für einen Hausbau oder die Ausbildung der eigenen Kinder. Der Professor hatte keine Schuldensicherheit, aber der Bankleiter lieh ihm das Geld unter der Voraussetzung, dass er eine Lebensversicherung abschloss.

Geld an jemanden ohne Schuldensicherheit zu verleihen ist extrem unüblich, aber die Entschlossenheit des Professors schien den Bankleiter zu beeindrucken, und er schlug ihm beherzt vor, als Schuldensicherheit eine Lebensversicherung abzuschließen. Der Professor lieh sich einen großen Betrag, der sich auf das Mehrfache meines Jahreseinkommens belief. (Das war vor 20 Jahren.) Seine Bereitschaft, dieses Risiko einzugehen und alles in seine Forschung zu investieren, zahlte sich aus, und schon bald kam die Finanzierung. Der ursprüngliche Betrag, den er aus eigener Tasche gezahlt hatte, war das Startkapital. Aus diesem Beispiel lernte ich und stürzte mich an einem bestimmten Punkt tief in Schulden. Aber wenn man nichts sät, kann man eben nichts ernten.

Auch in anderen Geschäftsbereichen habe ich gesehen, wie sich diese Investition in sich selbst auszahlt. Ein Bekannter von mir eröffnete einmal ein Restaurant, das er allein mit seinen Ersparnissen finanzierte. Das Gastronomiegeschäft ist generell schon hart - und natürlich noch mehr für diejenigen, die gerade erst damit anfangen. Dass er sein eigenes Geld in seinen Traum steckte, brachte ihn in die Klemme, was ihn aber nur noch entschlossener machte, sein Geschäft zum Erfolg zu führen. Risikobereitschaft, harte Arbeit und Leidenschaft zahlten sich schließlich für ihn aus, und mittlerweile hat sich das Restaurant zur festen Einrichtung in der Gemeinde entwickelt und verzeichnet ständig Hochkonjunktur. Als einen der Gründe für seinen Erfolg gibt er an, dass er "für seinen eigenen Weg aufgekommen ist".

"Für den eigenen Weg aufzukommen" ist ein sicheres Mittel, um Risiko ins Leben zu bringen - das Sie dazu zwingt, sich mehr anzustrengen, um Ihre Ziele zu erreichen.

Eigenschaften von Menschen, deren positive Gene eingeschaltet sind

Meiner Erfahrung nach haben Menschen, die erfolgreich sind und die die erwünschten Ergebnisse erzielen, eines gemeinsam: eine positive Lebenseinstellung. Einer meiner ehemaligen Studenten ist ein gutes Beispiel dafür. Einige Jahre, nachdem er in mein Labor an der Tsukuba-Universität gekommen war, kam er eines Tages zu mir und bat mich: "Könnten Sie mir eine Empfehlung ausstellen, damit ich an eine bessere Stelle wechseln kann? Ich möchte gerne in einem Labor arbeiten, das für seine Forschungen einen Nobelpreis erhalten hat." Dazu muss man sagen, dass dieser Student die Aufnahmeprüfungen für die Tsukuba-Universität im ersten Versuch nicht bestanden hatte, was für mich ein Hinweis darauf war, dass seine Wünsche seine Fähigkeiten überstiegen. Obwohl seine Bitte ein wenig unverfroren war, schickte ich ihn mit Hilfe eines Freundes, der für einen Nobelpreisträger arbeitete, nach Amerika.

Dieser Student ging zwar enthusiastisch seinen Forschungen nach, hatte sich aber in Japan nicht besonders hervorgetan. Sobald er in Amerika war, begann sich zu zeigen, wie brillant er eigentlich war. Als er nach Japan zurückkehrte, trug ich ihm nicht die üblichen nebensächlichen Tätigkeiten auf, sondern wies ihm einen Graduate-Studenten zu und ließ ihn sich auf seine Forschungen konzentrieren. Allerdings sagte ich ihm: "Sie sind drei Jahre lang Professor. Aber nur drei Jahre lang. Wenn Sie innerhalb dieser Zeit keine Ergebnisse vorlegen, sind Sie gefeuert." Genau wie ich erwartet hatte, lieferte er noch in seinen Dreißigern großartige Ergebnisse ab und wurde von einer angesehenen japanischen Universität als Professor eingestellt. Das war etwas noch nie Dagewesenes im japanischen Forschungsumfeld, in dem man nicht an die Spitze gelangen kann, ohne zuerst in der korrekten Rangfolge die einzelnen Stufen erklommen zu haben, und in dem man, wenn man in den Dreißigern ist, bestenfalls zum Rang eines Assistenzprofessors aufsteigen kann.

Ein paar Jahre zuvor hatte ich meine Absicht bekundet, mein Labor solle den ersten japanischen Professor unter 40 hervorbringen. Ich selbst wurde mit 42 Jahren Professor, und ich rege meine Studenten aktiv dazu an, nach Höherem zu streben. Auf der Hochzeit des genannten Studenten war ich wohl so weit gegangen, dass ich seinen Eltern erzählt hatte, ich würde ihn noch in seinen Dreißigern zum Professor machen. Obwohl ich das schon vollkommen vergessen hatte, erinnerte er sich daran und nahm mich ganz offensichtlich beim Wort. Die Last der Verantwortung, Erfolg zu haben oder zu scheitern, lastete schwer auf seinen Schultern, und genau das schien ihn zu inspirieren. Meiner Auffassung nach schalteten sich zu jenem Zeitpunkt die Gene in ihm ein, die dies letztendlich möglich machten.

Hinzu kamen mehrere glückliche Zufälle, die ihm zu Hilfe kamen. Einer war die Verwirklichung seines Traums, für einen Nobelpreisträger zu arbeiten. Ich hatte gerade zufällig einen amerikanischen Freund auf einem Seminar getroffen, und da ich mich daran erinnerte, dass er für einen Nobelpreisträger arbeitete, bat ich ihn um Hilfe. "Ich habe hier einen begeisterten Graduate-Studenten, der für einen Nobelpreisträger arbeiten möchte", sagte ich ihm.

"Perfekt", antwortete er. "Wir sind gerade auf der Suche nach jemandem. Wir würden ihn gerne einstellen." Alles fügte sich wie von selbst. Hätte der Student mir nicht mitgeteilt, dass er in ein anderes Forschungslabor wollte, hätten mein amerikanischer Freund und ich über etwas anderes gesprochen. Anscheinend war einfach das Glück auf seiner Seite.

Und Glück hatte er auch noch in anderer Hinsicht. In ein Labor mit einem Nobelpreisträger zu kommen kann Nachteile haben. Viele Forschungslabors, deren Leiter den Gipfel des Erfolgs und des Ruhmes erreicht haben, haben gemeinsam mit diesem ihren Zenit überschritten und bieten daher nicht immer das beste Forschungsumfeld. Das Labor aber, in das er kam, hatte herausragende Ergebnisse vorzuweisen und war bereits zum zweiten Mal auf dem Weg nach ganz oben.

Als er nach Japan zurückkehrte, hatte er ebenfalls Glück. Im Regelfall kann man aus Übersee keine Forschungserfolge mit nach Hause bringen. Das war auch in seinem Fall so, aber er konnte den Gegenstand seiner

Forschungen so verändern, dass er dieselben Kenntnisse und Materialien weiterverwenden konnte. Glücklicherweise war dies auf Grund der Art seines Forschungsgegenstandes möglich.

Letztendlich war er auch noch mit einer bestimmten Persönlichkeit gesegnet. Zusätzlich zu seiner positiven Einstellung konnte er sich ganz auf die anstehende Arbeit konzentrieren, ohne sich um die Zukunft Sorgen zu machen. Meiner Erfahrung nach ist dieser Charakterzug bei erfolgreichen Menschen weit verbreitet, und er ist auch ein Merkmal von Menschen, deren Gene eingeschaltet sind.

Die Gene – und Fähigkeiten – jeder Person sind einzigartig

Damit Sie Ihre Ziele erreichen, ist es wichtig, dass die Umgebung und das System, worin Sie arbeiten, Ihre Einzigartigkeit anerkennen. Dass jeder Mensch einzigartig ist, hören Sie bestimmt nicht zum ersten Mal, aber diese Aussage trifft auch wissenschaftlich zu. Kein einziger Gensatz, oder kein einziges "Genom", gleicht einem anderen. Die nicht ausschlaggebenden Bereiche unseres genetischen Aufbaus variieren leicht vom einen zum anderen. Denken Sie nur an das Gesicht. Obwohl alle Gesichter dieselben Grundmerkmale aufweisen, darunter zwei Augen, eine Nase und ein Mund, unterscheiden sie sich in Größe, Form und Lage so voneinander, dass kein Mensch genau mit einem anderen identisch ist. Dasselbe gilt für die Gene. Unsere Genome haben gemeinsame Merkmale, aber kein Mensch hat genau dasselbe Genom wie ein anderer. Die Unterschiede zeigen sich nicht nur im Aussehen oder Körperbau eines Menschen, sondern auch in seinem Charakter und in seinen Fähigkeiten. Wenn ich darauf bestehe, dass jeder Einzelne mit erstaunlichen Fähigkeiten ausgestattet ist, dann nicht, damit irgendjemand sich besser fühlt. Es ist einfach die Wahrheit.

Die heutigen Bildungssysteme in den meisten hochentwickelten Ländern richten sich allerdings gegen die vielseitige Natur unserer Gene. Ihr Augenmerk liegt auf standardisierten Tests und Aufnahmeprüfungen für Universitäten. Die Studenten werden an Hand von rigiden Standards bewertet, die ihre Fähigkeit bewerten, etwas auswendig zu lernen und eine bestimmte Menge an Wissen zu reproduzieren. Doch jeder Einzelne ist mit einem einzigartigen und vielseitigen Gensatz ausgestattet, und der Zeitplan und die Art und Weise, wie die diese Gene aktiviert werden, sind ganz unterschiedlich. Aus diesem Grund kann ein standardisiertes System unmöglich die Fähigkeiten jedes Studenten fördern.

Natürlich sollten wir uns Fachwissen aneignen, aber Systeme, die einzig darauf gründen, wie viel ein Student auswendig lernen kann, bewerten nur eine kleine Auswahl der latent in uns vorhandenen Fähigkeiten. Die Fähigkeit, eine auswendig gelernte Antwort auszuspucken, wird kaum zum Fortschritt oder zur Weiterentwicklung der Welt beitragen. Innovative Ideen fangen da an, wo es keine Antworten gibt, und Studenten, die in solchen Systemen hervorragende Leistungen erbringen, scheinen nicht mehr weiterzuwissen, sobald es darum geht, Unbekanntes zu erforschen. Erinnerungsfähigkeit ist wichtig, aber sie ist nicht immer gefragt, wenn Neuentdeckungen gemacht werden sollen oder etwas Neues auf die Beine gestellt werden soll.

Es ist interessant, dass viele Nobelpreisträger sich als Studenten nicht besonders hervortaten, zumindest nicht in Bezug auf ihre akademische Leistung. Als ich Kenichi Fukui traf, der 1981 den Nobelpreis für Chemie erhielt, erzählte er mir, dass er kürzlich eine chemische Problemstellung aus den Aufnahmeprüfungen der japanischen Universitäten nicht hatte lösen können, obwohl das Thema in seinen Fachbereich fiel. "Die heutige Bildung scheint nur aus Auswendiglernen zu bestehen, man stopft sich Wörter in den Kopf und spuckt sie dann auf Papier aus", bemerkte er. "Die Fähigkeiten oder der Wert einer Person sollten nicht allein auf Grund dessen beurteilt werden."

Mein Mentor Ko Hirasawa war ein guter Freund von Hideki Yukawa, der 1949 zum ersten japanischen Nobelpreisträger für Physik wurde.

Vadim Zeland

Transsurfing
Die Realität ist steuerbar

232 Seiten, broschiert
€ (D) 14,90
ISBN 978-3-89845-154-3

Dieses Buch löste in Russland eine wahre Revolution aus. Die Realität ist steuerbar! Glauben auch Sie, dass Sie von den äußeren Umständen abhängig sind? – Es ist aber genau umgekehrt! Sie selbst kreieren die äußere Realität. Mit Hilfe von Transsurfing können Sie Ihre Realität steuern. So erfüllen sich Ihre Wünsche und Ihre Träume gehen in Erfüllung. Folgen Sie den Anleitungen in diesem Buch – Sie werden begeistert sein!

www.silberschnur.de · E-Mail: bestellung@silberschnur.de ||||||||| SILBERSCHNUR |||||||||

Verlag

»Die Silberschnur« GmbH

Postfach 41

D-56590 Horhausen

Vadim Zeland

Transsurfing
Die Realität ist steuerbar

232 Seiten, broschiert
€ (D) 14,90
ISBN 978-3-89845-154-3

Dieses Buch löste in Russland eine wahre Revolution aus. Die Realität ist steuerbar! Glauben auch Sie, dass Sie von den äußeren Umständen abhängig sind? – Es ist aber genau umgekehrt! Sie selbst kreieren die äußere Realität. Mit Hilfe von Transsurfing können Sie Ihre Realität steuern. So erfüllen sich Ihre Wünsche und Ihre Träume gehen in Erfüllung. Folgen Sie den Anleitungen in diesem Buch – Sie werden begeistert sein!

www.silberschnur.de · E-Mail: bestellung@silberschnur.de ||||||||| SILBERSCHNUR |||||||||

Verlag

»Die Silberschnur« GmbH

Postfach 41

D-56590 Horhausen

Ja, ich möchte gerne weitere Informationen erhalten.

Bitte senden Sie mir ○ per E-Mail *oder* ○ per Post

○ Ihr Verlagsprogramm **Jetzt NEU!** ○ Informationen zu Seminaren

Informationen zu Büchern über:

○ Astrologie ○ CD & Hörbuch ○ Esoterik
○ Gartenwelten ○ Lebenshilfe ○ Mensch & Umwelt
○ Romane ○ Tarot & Karten ○ Wissenschaft

Name, Vorname

Telefon E-Mail

Straße, Hausnummer

Land, PLZ, Ort

Ich erkläre mich einverstanden, dass der Verlag »Die Silberschnur« und Kooperationspartner meine Daten zu Direktmarketingzwecken verwenden dürfen.

Ja, ich möchte gerne weitere Informationen erhalten.

Bitte senden Sie mir ○ per E-Mail *oder* ○ per Post

○ Ihr Verlagsprogramm **Jetzt NEU!** ○ Informationen zu Seminaren

Informationen zu Büchern über:

○ Astrologie ○ CD & Hörbuch ○ Esoterik
○ Gartenwelten ○ Lebenshilfe ○ Mensch & Umwelt
○ Romane ○ Tarot & Karten ○ Wissenschaft

Name, Vorname

Telefon E-Mail

Straße, Hausnummer

Land, PLZ, Ort

Ich erkläre mich einverstanden, dass der Verlag »Die Silberschnur« und Kooperationspartner meine Daten zu Direktmarketingzwecken verwenden dürfen.

Einmal beschwerte sich Hirasawa bei Yukawa: "Mein Verstand arbeitet wesentlich langsamer als Ihrer. Ich habe ungeheure Schwierigkeiten." Yukawa entgegnete: "Ach, wissen Sie was, ich habe sogar noch mehr Schwierigkeiten damit als Sie." Als Hirasawa ihm vertraulich mitteilte, dass er während der gesamten Mittel- und Oberstufe an einem schrecklichen Minderwertigkeitskomplex gelitten hatte, antwortete Yukawa: "Ich auch!" Sie waren nicht bescheiden – nur ehrlich.

Diese brillanten Männer hatten beide ein schwaches Selbstwertgefühl. Als ich vor langer Zeit diese Geschichte hörte, gab mir das Hoffnung, dass auch ich vielleicht einmal Professor werden konnte, weil auch ich meine Intelligenz anzweifelte. Als ich in den Aufnahmeprüfungen zur Universität steckte, waren meine Noten hart an der Grenze, und ich war mir sicher, dass ich nur knapp durch die Prüfungen für die Kyoto-Universität durchgekommen war. Ich erinnere mich, wie erleichtert ich war, als ich nach meiner Aufnahme erfuhr, dass es vielen Studenten so ging. Hirasawa und Yukawa waren nicht dumm, aber keiner von ihnen war nach den Bildungsstandards hochentwickelter Länder ein exzellenter Student.

Es ist unklug, weiter an den heutigen weltweiten Bildungssystemen mit ihrer Betonung auf reinem Auswendiglernen und blindem Gehorsam festzuhalten, da diese Art von "Intelligenz" stark an Wert verliert. In der Geschäftswelt sagen die Unternehmen bereits deutlich, dass sie keine Angestellten mehr gebrauchen können, die passiv tun, was ihnen gesagt wird, und nie eigenständig denken. Das ist ein Hinweis darauf, dass die Gesellschaft als Ganzes sich von einem Bildungssystem abwendet, das sich auf Hundertstelwerte eingeschossen hat. Die Zeit ist reif, um in die Ausbildung von wertvollen Arbeitskräften und in die Schaffung von Technologien und geistigem Eigentum zu investieren, die der gesamten Menschheit zugute kommen. Sie sind der größte Beitrag zur internationalen Gemeinschaft. In genetischen Begriffen treten wir in ein Zeitalter ein, in dem jeder Einzelne sich weiterentwickeln und seine angeborenen Fähigkeiten einsetzen muss.

Die Menschen tragen immer viele Hoffnungen mit sich herum, doch nur wenige verwirklichen auch ihre Träume. Wenn wir unsere Gene mit ihren drei Milliarden Informationen einschalten könnten, dürfte alles möglich sein. Noch bis vor kurzem glaubten wir, wir könnten nichts tun, um unseren ungenutzten Teil anzuzapfen. Jetzt, wo Wissenschaftler begonnen haben, den menschlichen Geist genauer zu erforschen, fangen wir an zu begreifen, dass wir sehr wohl Zugang zu diesem ungenutzten Potenzial haben. Um ein erfülltes und glückliches Leben zu führen, müssen wir unseren Verstand einsetzen und mit ihm unsere Gene aktivieren. Neue Dinge, neue Informationen und eine neue Umgebung sind perfekte Gelegenheiten, um Gene anzuregen, die ausgeschaltet sind. Diese Überzeugung basiert auf allen entsprechenden wissenschaftlichen Entdeckungen der letzten Zeit sowie auf meiner eigenen Erfahrung. Deshalb empfehle ich Ihnen, mit eingeschalteten Genen zu leben.

IV

LEHRSTUNDEN FÜRS LEBEN – AUS DEM LABOR

Die "Nachtwissenschaft" führt zu großen Entdeckungen

Hinter großen Entdeckungen oder Erfindungen stecken oft interessante Geschichten. Nehmen Sie zum Beispiel die Zellfusionierung. Mit der modernen Technologie sind wir in der Lage, menschliche Zellen mit Pilzen zu fusionieren, doch diese Möglichkeit wurde rein zufällig entdeckt. Ein Student führte ein Experiment durch, das aber jedes Mal scheiterte, obwohl er die Anweisungen seines Professors genauestens befolgte. Frustriert warf er eine Substanz hinein, die mit den Anweisungen absolut nichts zu tun hatte. Es fand eine Fusion statt, die zu der neuen Entdeckung führte. Selbst Dinge, die nichts miteinander zu tun haben, wie die Gewohnheit, bei Familienzusammenkünften irgendwelche Neuigkeiten auszutauschen, können zu großen Entdeckungen führen.

Ich nenne diesen Hinter-den-Kulissen-Aspekt "Nachtwissenschaft", im Gegensatz zur "Tagwissenschaft", die aus Vorträgen, Untersuchungen von Gegenständen unter dem Mikroskop oder Präsentationen von Forschungsergebnissen auf Konferenzen besteht. Die Tagwissenschaft ist rational und objektiv und besitzt eine klare und systematische Logik. Die Nachtwissenschaft hingegen gewinnt wichtige Hinweise aus Intuition, Inspiration und ungewöhnlichen Erfahrungen – anders ausgedrückt: aus menschlichen Fähigkeiten und Vorgängen, die normalerweise nicht mit Wissenschaftlern assoziiert werden. Man könnte sagen, die Tagwissenschaft stellt die handfesten Ergebnisse der Forschungen dar, während die Nachtwissenschaft ein Teil des Prozesses ist, durch den diese Ergebnisse zustande kommen. Tatsächlich beginnen die großen wissenschaftlichen Entdeckungen und Erfindungen überwiegend mit der Nachtwissenschaft. Wenn die Tagwissenschaft das Denken mit der linken Gehirnhälfte repräsentiert, dann steht die Nachtwissenschaft für das Denken mit der rechten Gehirnhälfte, beziehungsweise in meiner Terminologie für das genetische Denken. In diesem Kapitel möchte ich Ihnen einige Einsichten schildern, die ich als Wissenschaftler in Bezug auf Intuition, Beharrlichkeit und die Aktivierung schlafender Gene gewonnen habe.

Überraschenderweise ist es zunächst einmal wichtig, nicht allzu viel zu wissen, wenn man sich auf neue Forschungen einlässt. Wissen und Information sind wichtige Hilfsmittel, aber wenn Wissenschaftler sich allein auf die Tagwissenschaft verlassen, können sie ins Hintertreffen gelangen. Das kann zur Folge haben, dass sie Innovationen skeptisch gegenüberstehen. Wissenschaftler mit weitreichenden Kenntnissen sind fast immer die Ersten, die sich dagegen sperren, in neue Forschungen einzusteigen. Je kenntnisreicher jemand ist, desto wahrscheinlicher hat er Bedenken gegen neue Forschungsprojekte. Im Gegensatz dazu beginnen Unerfahrene mit größerer Wahrscheinlichkeit ohne Zögern mit etwas Neuem. "Unwissen ist ein Segen", weil Sie sich so direkt in die Sache hineinstürzen. Aus dieser Furchtlosigkeit entstehen oft große Leistungen. Buckminster Fuller, einer der wichtigsten Innovatoren des 20. Jahrhunderts, drückte es so aus: Er empfahl, besser ein Universalist als ein Spezialist zu sein.

Einmal bat ich Masaru Ibuka, einen Mitgründer der Sony Corporation, mir das Geheimnis seines Erfolges zu verraten, ein weltweites Unternehmen aufzubauen. "Rückblickend", antwortete er mir, "glaube ich, dass ich Glück hatte, kein Experte zu sein." Sony entwickelte Japans erstes Tonbandgerät und führte in Japan außerdem die Transistortechnologie ein. "Hätte ich zu der Zeit Tonbandgeräte oder Transistoren vollständig verstanden", bemerkte Ibuka, "dann wäre ich viel zu eingeschüchtert gewesen, um mich an so etwas heranzuwagen. Als ich später mehr darüber erfuhr, war ich entsetzt über meine eigene Tollkühnheit." Ich weiß genau, was er meint.

Wie ich im vorigen Kapitel erwähnte, begann die Erforschung von Renin, die zu meinem Lebenswerk werden sollte, bei mir mit einer Fehldeutung von Daten. Als ich mit der Forschung begann, rieten mir viele Kollegen davon ab. Um Renin wissenschaftlich zu untersuchen, braucht man reine Proben. Zwar wissen wir, dass Renin in Nieren vorkommt, aber die Mengen sind winzig und außerdem höchst instabil. Diese beiden Umstände kombiniert ergeben die denkbar ungünstigsten Forschungsbedingungen.

Vor mir hatten bereits viele Wissenschaftler Renin untersucht, keiner hatte es aber geschafft, es aufzureinigen. Deshalb hatten sich die Forscher aus dem medizinischen Bereich entmutigen lassen, es zu ihrem Forschungsgegenstand zu machen. Da ich aber aus der Agrarchemie kam, hatte ich von diesem berühmt-berüchtigten Enzym noch nie etwas gehört, und ich stürzte mich ohne Zögern in die Arbeit. Hätte ich der medizinischen statt der landwirtschaftlichen Fakultät angehört und gewusst, wie viele Menschen vor mir schon daran gescheitert waren, hätte ich mir diesen Bereich niemals ausgesucht. Seitdem befasse ich mich mit der Untersuchung von Renin, und unter Radashi Inagami an der Vanderbilt-Universität gelang es mir sogar, es aufzureinigen und selbst herzustellen. Wie Ibuka von Sony hatte ich das Glück, kein Experte zu sein, ansonsten hätte ich diesen wissenschaftlichen Bereich nicht angerührt.

Ich hatte noch viele ähnliche Erfahrungen, die mir zeigten, dass es mir mit weniger Wissen besser ging als mit zu viel Wissen. Als unsere Forschungen über Renin zum Beispiel in eine Sackgasse zu führen schienen, führten wir die Gentechnologie ein, obwohl wir keinerlei Kenntnisse davon hatten. Als ich erfuhr, dass es mit der neuen Technologie möglich war, *E. coli*-Bakterien zur Herstellung menschlicher Hormone zu verwenden, dachte ich einfach: "Perfekt! Dann nehmen wir sie und stellen damit Renin her." Das war meine erste Begegnung mit der Gentechnologie, und wieder einmal war es wahrscheinlich Glückssache, dass ich nichts darüber wusste. Später gewannen wir dann das Rennen um die Aufschlüsselung des Gencodes von menschlichem Renin.

Als ich beschloss, die Gentechnologie in unsere Forschungen mit einzubeziehen, bemerkte ich, dass die Studenten mit den besten Noten am pessimistischsten waren. Nervös stellten sie es in Frage, sich in einem Bereich zu versuchen, über den wir nichts wussten. Natürlich hatte ich keine Ahnung, ob meine Theorie funktionieren würde, aber ich war überzeugt, dass es einen Versuch wert war, gerade deshalb, weil es sich um eine hochentwickelte Form der Technologie handelte. Die Studenten, die meine Idee befürworteten, waren allesamt sehr wissbegierig. Ihre Reaktion war: "Hört sich interessant an. Versuchen wir es doch einfach." So lange das Thema ihr Interesse findet, geben solche Studenten nicht auf, auch wenn es mühsam wird, und deshalb kommen sie oft zu Ergebnissen.

Warum arbeitet zu viel Wissen uns manchmal entgegen? Informationen an sich sind ja von Natur aus nichts Schlechtes, vielmehr kann uns ja die Tatsache, dass wir mehr wissen als andere, zu dem Glauben verführen, unsere Urteilskraft sei ebenfalls höher. Zu große Abhängigkeit von Wissen lässt unsere Intuition abstumpfen und kann dazu führen, dass wir zu weit vorausschauen. Wenn ein Vorhaben nicht reibungslos abläuft, kann zu viel Wissen dazu führen, dass wir voreilige Schlüsse ziehen, diese sind wahrscheinlich pessimistisch, und wir gehen davon aus, dass das Projekt zum Scheitern verurteilt ist, obwohl durchaus noch Erfolgschancen bestehen.

Leo Ezaki, Rektor der Tsukuba-Universität und Träger des Nobelpreises für Physiologie oder Medizin von 1973, hat mehrere Dos und Don'ts parat, um den Nobelpreis zu gewinnen: 1. Lassen Sie sich nicht von Konventionen in die Falle locken, 2. horten Sie kein Wissen und 3. befreien Sie sich von unnötigen Informationen, um Raum für neues Wissen zu schaffen. In einer Welt, in der Originalität verlangt wird, können Sie sich nicht hervortun, wenn Sie sich zu sehr auf alte Kenntnisse oder Informationen stützen. Meine Rat an Menschen, die eine Menge wissen, ist es, dieses Wissen beiseite zu legen und die Erfahrungen der Vergangenheit auszublenden, zumindest vorübergehend.

Scheitern kommt nicht in Frage, wenn Sie beharrlich sind

Als ich in den 70er Jahren nach Japan zurückkehrte, nachdem ich meine Arbeit über Renin in den Vereinigten Staaten beendet hatte, beschloss ich, dieselben Forschungen noch einmal ganz von vorn an der unlängst gegründeten Tsukuba-Universität durchzuführen. Zuerst hatte ich überlegt, in ein anderes Thema einzusteigen, aber ich konnte Renin mit seinem Potenzial zur Behandlung von Bluthochdruck nicht einfach aufgeben. Für meine Studien brauchte ich aber Material. Etwa zu jener Zeit erfuhr ich, dass Renin möglicherweise im Gehirn vorkommt. Die Meinungen in der Wissenschaft über dieses Thema waren seit 20 Jahren vollkommen gespalten, aber der Großteil der Wissenschaftler sprach sich für die Hypothese aus, es käme im Gehirn nicht vor. Auf Grund einiger Indizienbeweise waren meine Kollegen und ich aber überzeugt, dass Renin doch im Gehirn vorkommt. Ich beschloss, als Beweis ein Renin-Extrakt aus dem Gehirn zu gewinnen.

Im Gehirn sitzt die Hirnanhangsdrüse, ein kleiner, mit Hormonen gefüllter Beutel. Unter der Annahme, diese Drüsen müssten große Mengen Renin enthalten, beschloss ich, einige davon aus dem Gehirn von Rindern oder Schweinen zu beschaffen. Das Problem war, dass ich sehr große Mengen davon benötigte. Ich brauchte mindestens ein Milligramm Renin als Forschungsmaterial, und als ich davon ausgehend zurückrechnete, kam ich zu der Schätzung, dass wir in etwa 30.000 bis 40.000 Gehirne brauchten, um am Ende diese Menge zu erhalten – eine überwältigende Zahl! Wie sollten wir an diese Unmengen von Hirnanhangsdrüsen kommen?

Zuerst wandte ich mich an einen Schweinemastbetrieb in der Nähe der Tsukuba-Universität, aber an die erforderliche Zahl kam man dort bei weitem nicht heran. Dann kam ich auf die Idee, dass Japans am dichtesten bevölkerte Stadt, Tokio, eigentlich genug davon haben müsste, fuhr täglich zu den Viehbetrieben und bat sie um Hilfe, bis sie schließlich arrangierten, dass wir die Hirnanhangsdrüsen der geschlachteten Rinder bekamen. Die

Studenten aus unserem Labor fuhren mehrmals monatlich nach Tokio, um sie abzuholen, und schon war unser Projekt im vollen Gange.

Die Hirnanhangsdrüse von Rindern hat etwa die Größe einer Daumenspitze und ist von einer harten Membran wie bei einer Kastanie überzogen, was das Ablösen extrem schwierig macht. "Wenn wir es schaffen, diese Dinger einfach nur abzuschälen", drängte ich meine Studenten, "dann wird unsere Forschung die Welt im Sturm erobern." In Wirklichkeit war das Ergebnis einfach nicht abzusehen. So ist die Forschung – man weiß es nicht, außer, man versucht es. Es gibt immer eine Möglichkeit, aber nie eine Garantie. Allerdings gilt das nur für die "Tagwissenschaft". In der "Nachtwissenschaft" muss der Forschungs-leiter unerschütterlich an das gewünschte Ergebnis glauben.

Es gibt Berichte über Menschen, die viele Jahre lang an einer Krankheit wie Rheuma leiden und denen erzählt wird, dass ein bestimmtes Heilmittel, zum Beispiel eine heiße Quelle, sie wieder gesund machen wird. In dem festen Glauben, dass das der Wahrheit entspricht, stellen sie fest, dass ihre Schmerzen nach dem Bad in diesem Wasser für immer verschwinden. Ich bin überzeugt, dass durch ihr verändertes Denken schlummernde positive Gene eingeschaltet werden. Die heiße Quelle mag zwar heilende Eigenschaften haben, aber an der Heilung war mit Sicherheit ihre Überzeu-gung beteiligt. Und wenn ganz ähnlich ein Forschungsleiter beschließt, dass ein Ziel im Bereich des Möglichen liegt, dann werden die Menschen um ihn herum dies ebenfalls glauben. Allerdings muss er von ganzem Herzen davon überzeugt sein. Es gibt immer wieder Misserfolge im Leben, aber jeder einzelne davon beginnt erst in dem Augenblick, in dem wir anfangen zu denken, wir seien gescheitert. So lange wir uns aber weigern aufzugeben und glauben, dass wir trotzdem noch eine Chance haben, sind wir nicht gescheitert, egal wie schlecht es für uns zu laufen scheint.

Während wir fleißig gemeinsam Hirnanhangsdrüsen schälten, kamen wir langsam in die Gänge, es fing an, uns Spaß zu machen und wir plau-derten bei der Arbeit miteinander. Wir waren voller Enthusiasmus, und meine kleinen Aufmunterungssprüche wurden immer hochtrabender: "Das hier könnte zur Entwicklung eines Mittels gegen Bluthochdruck führen." "Möglicherweise bekommen wir ein Patent im Wert von meh-reren Milliarden Yen."

Wenn Menschen enthusiastisch einer Sache nachgehen, möchten sich andere interessanterweise daran beteiligen. Doktoren, Graduate-Studenten, Undergraduates und am Ende sogar Leute, die gerade bei uns vorbeikamen, halfen uns. Wir schälten alle 35.000 Hirnanhangsdrüsen, die je etwa 1,5 Gramm wogen, und hatten am Ende insgesamt etwa 50 Kilogramm. Nachdem wir sie gefriergetrocknet hatten, um einen Puder daraus herzustellen, der aussah wie Instantkaffee, schafften wir es wie erwartet, das Renin daraus zu extrahieren.

Leider bekamen wir nach all der Arbeit am Ende nur 0,5 Milligramm Renin heraus, die Hälfte der erwarteten Menge. Sie war so klein, dass wir sie nicht einmal mit dem bloßen Auge sehen konnten. Aber zumindest war es uns gelungen, Renin aus dem Gehirn aufzureinigen.

Diese Erkenntnis gab ich 1979 sofort auf dem Kongress der Inter-national Society of Hypertension in Heidelberg bekannt – einer ganz besonderen und angesehenen Veranstaltung. Als ich meine Präsentation beendet hatte, war der Raum von donnerndem Applaus erfüllt, weil nun 20 Jahren internationaler Debatten über das Vorhandensein von Renin im Gehirn ein Ende gesetzt war.

Aus dieser Erfahrung lernte ich etwas sehr Wertvolles: Erfolgreiche Forschung hängt nicht vom akademischen Bildungsgrad ab, sondern davon, ein "Frühaufsteher" zu sein. Ich meine das sowohl wörtlich als auch in dem Sinne, auf den Zug des Wettbewerbs aufzuspringen. Als wir Hirnanhangsdrüsen schälten, schlug ich meinen Studenten vor, morgens früher anzufangen, womit alle einverstanden waren. Tsukuba war noch eine neue und praktisch unbekannte Universität mit einer knapp zehnjäh-rigen Geschichte. Immer wieder sagte ich meinen Forschungsmitarbeitern, das hier sei wie ein Baseballspiel: "Bis jetzt hat noch keiner an dieser Universität einen Home Run hingelegt, aber wenn wir weiter Treffer machen, können wir mehr punkten. Und wenn Sie keinen Treffer landen können, dann gehen oder laufen Sie zumindest beim letzten Strike zur ersten Base. Lassen Sie uns zumindest bis zur ersten Base kommen."

Wissenschaftler befinden sich ständig im Wettbewerb mit unsichtbaren Rivalen. Da wir alle das Gleiche denken und ähnliche Techniken verwenden, wird die andere Seite irgendwann einmal den Ball fallen oder den Schlagmann vorrücken lassen. Man muss ganz einfach auf diese Gelegenheiten warten. Dasselbe gilt auch für andere Berufe, ob im Handel, in der Unterhaltung, an der Börse oder in jedem Unternehmen mit gesundem Konkurrenzdruck. Der Schlüssel ist, einfach weiterzumachen. Beharrlichkeit führt zu Stärke. So lange Sie es weiter versuchen, haben Sie eine Chance. Das ist die Gewinnermentalität.

Dank der Anstrengungen jedes Einzelnen in unserem Forschungsteam gelang es uns schließlich, Renin zu extrahieren. Auf dem Empfang nach meiner Präsentation kamen Wissenschaftler aus aller Welt zu mir, um mir zu gratulieren. Viele meinten: "Sie haben Glück, dass Japan so ein Wirtschaftsriese ist." Das verdutzte mich, bis mich jemand fragte: "Und wie viel hat Sie das gekostet, die ganzen Hirnanhangsdrüsen aus den Staaten zu importieren?" Da dämmerte es mir. Man ging davon aus, dass ich die Hirnanhangsdrüsen in Amerika gekauft hatte. Stolzerfüllt erzählte ich ihnen, wie es wirklich gewesen war. "Wir haben sie nicht importiert. Ein Schlachthof hat sie uns gespendet. Alle – meine Graudate-Studenten und ich, andere Doktoren und Studenten, sogar meine Frau – haben beim Schälen mitgeholfen." Was ich Ihnen verschwieg, war, dass meine Frau die beste Schälerin von allen gewesen war. Von da an lautete mein Spitzname "Dr. 35.000 Rinder".

In der Wissenschaft gibt es keine Ziellinie

Es kam nicht überraschend, dass "Dr. 35.000 Rinder" sofort vor dem nächsten Hindernis stand.

Obwohl die Renin-Probe, die wir so sorgfältig extrahiert hatten, ein kostbarer Schatz für uns war, reichte sie nicht aus. Die winzigen 0,5 Milligramm, die mit Pauken und Trompeten begrüßt worden waren, hatten es wohl geschafft, eine internationale Debatte zu beenden, aber sie genügten bei weitem nicht für unser letztendliches Ziel: den Gencode von Renin zu entschlüsseln. Zudem war es zwar aus Gehirnen extrahiert worden, aber es handelte sich dabei um die Gehirne von Rindern und nicht von Menschen, und da es unser Forschungsziel war, einen nützlichen Beitrag zur Behandlung von Bluthochdruck beim Menschen zu leisten, waren wir noch immer weit von unserem Ziel entfernt. Die ideale Lösung wäre gewesen, menschliches Renin aus menschlichen Gehirnen zu extrahieren, aber das stand außer Frage. Wieder einmal wusste ich nicht mehr weiter.

Da ich ja gerade internationalen Beifall erhalten hatte, war diese Situation natürlich doppelt ärgerlich. Nachdem ich mir lange den Kopf zerbrochen hatte, beschloss ich, zu einer anderen Einstellung zu gelangen. "Das ist der Anfang einer neuen Phase", sagte ich mir. "Es ist ein Zeichen dafür, dass wir dabei sind, einen großen Schritt weiterzukommen." Mir dieser positiven geistigen Verfassung konnte ich mich entspannen. Kurz darauf hörten wir spannende Neuigkeiten: Mit einer neuen Technologie waren erfolgreich große Mengen an menschlichem Insulin von *E. coli*-Bakterien produziert worden. Wir waren in das Zeitalter der Gentechnologie eingetreten. Nachdem ich mich mit meinen Mitarbeitern beraten hatte, beschloss ich, die Gentechnologie in unser Projekt einzuführen, obwohl wir keine Ahnung davon hatten. Unser Ziel war zweifach: große Mengen an menschlichem Renin aus *E. coli*-Bakterien herzustellen und den Gencode des Enzyms zu entschlüsseln.

Als Vorbereitung für dieses Experiment hatten wir gerade begonnen, den genetischen Aufbau von Mäuse-Renin zu entschlüsseln, als wir entmutigende Nachrichten hörten: Das französische Pasteur-Institut, der Großmeister in der Forschung, hatte bereits die Entschlüsselung von Mäuse-Renin abgeschlossen. Trotz dieses Rückschlags änderten wir unsere Taktik und machten uns sofort daran, menschliches Renin zu entschlüsseln. Wir gingen davon aus, dass das Pasteur-Institut einfach noch nicht so weit gekommen sein konnte, wenn es gerade erst das Mäuse-Renin entschlüsselt hatte.

Da Renin bereits in menschlichen Nieren nachgewiesen worden war, fanden wir, es würde sicherlich einfacher aus Nieren als aus Gehirnen zu extrahieren sein. Dazu brauchten wir nun frische menschliche Nieren mit hohem Renin-Gehalt – und die waren nicht gerade einfach zu finden. Wir verwendeten alles, was wir bekommen konnten, aber die Ergebnisse waren unbefriedigend. Uns lief die Zeit davon, besonders, da ich bereits öffentlich verkündet hatte, dass unsere Forschungsergebnisse am zehnten Jahrestag der Tsukuba-Universität vorliegen würden. Dann kam der nächste Dämpfer. Das Pasteur-Institut hatte sich gemeinsam mit der Harvard-Universität nicht nur an die Entschlüsselung von menschlichem Renin gemacht, sondern hatte bereits erfolgreich 80% dekodiert. Zwar waren diese Informationen inoffiziell, sie schienen aber doch zu stimmen. Würden sie uns noch einmal kurz vor dem Ziel abhängen? Ich flog nach Frankreich, um es herauszufinden.

In Paris bestätigte mir das Pasteur-Institut das Gerücht. "Machen Sie sich keine Hoffnungen, uns jetzt noch zu überholen. Warum versuchen Sie nicht lieber, Affen-Renin zu entschlüsseln?", schlugen sie mir selbstgefällig und von ihrem eigenen Erfolg überzeugt vor. Der Gedanke, Affen-Gene zu entschlüsseln, nachdem der Gencode für menschliches Renin bereits vollständig entziffert worden war, erschien mir wie ein Reinfall. Sie hatten schon 80 Prozent geschafft, während wir noch nach Material suchten. Wie sollten wir ihnen da noch Konkurrenz machen? Doch immer wieder, so meine Beobachtung, beginnen in dem Augenblick Wunder zu geschehen, in dem die Niederlage unvermeidlich erscheint.

Ich war von Paris nach Heidelberg geflogen, um an einer Konferenz teilzunehmen, und saß zutiefst entmutigt bei einem Bier in einer Kneipe in der Nähe der Universität, als ein Bekannter hereinkam, Shigetada Nakanishi, Professor an der Kyoto-Universität mit internationalem Renommee in der Gentechnik. Er setzte sich zu mir, und die ganze Geschichte sprudelte nur so aus mir heraus.

Nakanishis Antwort überraschte mich: "Die haben erst 80 Prozent entschlüsselt, nicht wahr? Dann haben Sie noch eine Chance. Wissen

Sie, auch wenn man schon 99 Prozent eines Gens entschlüsselt hat, bleibt man oft im letzten Teil hängen."

"Aber wir haben doch noch nicht einmal..."

"Wenn Sie möchten, dann helfe ich Ihnen mit meinem Labor aus."

Das war wie ein Geschenk des Himmels. Zugegeben, in der Stadt fand eine Konferenz statt, aber die Chance, jemanden zu treffen, den ich nicht nur kannte, sondern der auch noch Experte für Gentechnik war, nämlich Nakanishi in einer kleinen Kneipe in Deutschland, stand eins zu einer Million. Mit ihm an unserer Seite hatte ich das Gefühl, dass wir noch eine Chance hatten, wenn wir kämpften. Noch waren wir im Nachteil, aber ich war bereit, es noch einmal zu versuchen. Voller neuer Energie und Enthusiasmus brach ich meine Reise ab und kehrte sofort nach Japan zurück.

Inbrünstige Gedanken sind ansteckend

Eine schlechte Nachricht kommt zwar selten allein, aber manchmal tun das auch gute Nachrichten. Davon erwarteten mich einige bei meiner Rückkehr. Ein Doktor, der in unserem Labor mit uns zusammengearbeitet hatte, hatte Universitätskliniken in ganz Japan gebeten, uns zu benachrichtigen, wenn eine Niere mit großen Mengen Renin operativ entfernt wurde. Dank seiner Bemühungen erhielt ich einen Anruf aus der Tohoku-Universität. "Wir entfernen morgen eine Niere", wurde mir mitgeteilt. "Bitte holen Sie sie sofort ab." Unsere Mitarbeiter beschafften Trockeneis, dann fuhren wir tief in der Nacht so schnell wir konnten in die Klinik, die sich etwa 320 km entfernt befand. Zu unserer Freude enthielt die Niere auf Grund der Krankheit des Patienten das Zehnfache der normalen Renin-Menge. Das war ein überaus glücklicher Zufall für unser Team.

Jetzt waren wir doppelt entschlossen, den Bluthochdruck verursachenden Mechanismus herauszufinden, nicht nur um unserer Sache, sondern auch um des Spenders willen. Nachdem wir das Renin extrahiert hatten, teilten wir unsere Mitarbeiter zwischen der Tsukuba-Universität und Nakanishis Labor an der Kyoto-Universität auf und machten uns an die Arbeit, den Gencode von Renin zu entziffern. Unser Rivale, das Pasteur-Institut, näherte sich bereits der Ziellinie, und wir kamen gerade erst in die Gänge. Die Graduate-Studenten brachten Schlafsäcke mit, um im Labor bleiben zu können, und wir arbeiteten Tag und Nacht. Allerdings waren wir so aufgeregt, kurz vor einer welterschütternden Entdeckung zu stehen, dass wir ohnehin nicht hätten schlafen können. Dieser letzte, verzweifelte Spurt zahlte sich aus. Als unser Team schließlich den Code komplett entschlüsselt hatte, war das Pasteur-Institut noch nicht fertig. Wir entschlüsselten als Erste den kompletten Gencode von menschlichem Renin – unser letztendliches Ziel. Es war mitten im Sommer 1983, nur drei Monate bevor die Tsukuba-Universität ihren zehnten Jahrestag feierte.

An einer einzigen Leistung sind unzählige Menschen beteiligt. Rückblickend hätte dieser spektakuläre Erfolg, der uns internationalen Beifall einbrachte, nicht ohne die Kooperation vieler anderer Menschen erreicht werden können: des Schlachthof-Mitarbeiters, der uns die Hirnanhangsdrüsen lieferte, der vielen Freiwilligen, die uns beim Schälen halfen, des Doktors, der überall bekannt gab, dass wir eine frische Niere brauchten, der Menschen an der Tohoku-Universität, die auf diese Bitte reagierten, und natürlich Dr. Nakanishis und seiner Forschungsmitarbeiter. Obwohl ich mich sehr oft mutlos gefühlt hatte, besonders, als ich vor einem neuen Hindernis stand, brachte mich letztendlich meine positive Einstellung durch alles hindurch.

Die wissenschaftliche Forschung und Entwicklung hat eine extrem konkurrenzbetonte Seite, ein Element der Rivalität, das aus dem egoistischen Wunsch nach Ruhm und Erfolg herrührt. Obwohl ich diesen Aspekt anerkenne, bin ich zugleich stolz darauf, dass ich mit meiner Arbeit etwas für die Menschheit tue. Während ich einerseits etwas erreichen möchte, pflege ich andererseits auch ein Bewusstsein, das über das unmittelbare Resultat hinausgeht, das Wissen, dass Sinn in meiner Arbeit liegt, auch wenn ich das Rennen verliere. Das sind die Zeiten, in denen ich fühle, dass meine positiven Gene wirklich aktiviert sind. Und ich vertraue darauf, dass dieses Gefühl von mir als Gruppenleiter auf meine Mitarbeiter und die mir Nahestehenden überspringt.

Die Japaner sagen oft: "Inbrünstige Wünsche erreichen den Himmel", aber die Erfahrung lehrt mich, dass solche Gedanken wohl eher an die Gene in unsere Zellen gesandt werden als zum Himmel. Zum jetzigen Zeitpunkt ist das natürlich mehr eine Vorahnung als eine wissenschaftliche Tatsache, aber viele Ereignisse in meinem Leben lassen mich davon überzeugt sein. Nehmen Sie zum Beispiel folgende Geschichte.

Sobald wir es geschafft hatten, menschliches Renin zu entschlüsseln, setzten wir uns mehrere neue Ziele, von denen eines darin bestand, Mäuse mit hohem Blutdruck mit menschlichen Renin-Genen zu züchten. Da ich im nächsten Kapitel ausführlich darüber berichten werde, werde ich hier nicht ins Detail gehen. Nur so viel sei gesagt: Wir hatten von Anfang an Probleme. Egal was wir unternahmen, der Blutdruck der Mäuse erhöhte sich nicht. Mitten in dieser Krise wurde ich zum Leiter der Kampagne für Leo Ezaki als Universitätsrektor ernannt. Das hielt mich eine Weile vom Labor fern.

Da ich noch nie für Wahlkampagnen gearbeitet hatte, stand ich unter enormem Stress, und infolgedessen fing mein Blutdruck an zu steigen. Stellen Sie sich meine Überraschung vor, als mir mitgeteilt wurde, dass der Blutdruck unserer Versuchsmäuse gleichzeitig auch begonnnen hatte anzusteigen. Bis dahin hatten sie keine Anzeichen für Bluthochdruck gezeigt, egal wie sehr wir uns das gewünscht hatten, aber nun schien es, als hätte sich ihr Blutdruck als Reaktion auf meinen erhöht. Ich war zu dem Schluss gezwungen, dass es sich hierbei wohl um Synchronizität handelte. Das aber gibt mir Grund zu der Überzeugung, dass inbrünstige Gedanken an Menschen – und alle Lebewesen – in unserem Umfeld übermittelt werden.

Gute Forschungsergebnisse hängen von der Intuition ab

Die Geschichte unserer erfolgreichen Entschlüsselung von menschlichem Renin ist auch ein vorzügliches Beispiel für den enormen Lohn, den man erhält, wenn man der eigenen Intuition vertraut. Um gute Forschungsergebnisse zu erzielen, muss ein Wissenschaftler seine Intuition einsetzen. Tatsächlich glauben manche, dass die Intuition über Erfolg oder Misserfolg eines Forschungsprojektes entscheiden kann. Die Intuition spielt aber auch für viele Vorhaben außerhalb der Wissenschaft eine Rolle.

Wir wissen, dass es klug ist, unserer Intuition zu folgen, aber wir stellen nicht gerade oft die Verbindung zu konkreten Ergebnissen in unserem Leben her. Nehmen Sie das Rennen meines Labors gegen das Pasteur-Institut. Mein Bauchgefühl spielte eine Schlüsselrolle für unseren Triumph. Wie ich bereits erwähnte, hatten wir noch nicht einmal angefangen, das Gen zu entschlüsseln, während das Pasteur-Institut bereits 80 Prozent geschafft hatte. Als ich zufällig Shigetada Nakanishi über den Weg lief, nachdem ich erfahren hatte, dass das Pasteur-Institut fast mit der Entschlüsselung fertig war, hing das Schicksal in der Schwebe. Hätte ich auf sein Hilfsangebot geantwortet: "Vielen Dank für Ihr freundliches Angebot, aber ich denke, wir sollten uns jetzt besser aus der Sache zurückziehen", dann wäre das das Ende der Geschichte gewesen. Obwohl es im Nachhinein seltsam erscheint, war meine intuitive Reaktion: "Gott ist auf unserer Seite. Wir haben gewonnen!", und ich traf eine Entscheidung, die aus objektiver Sicht wohl sehr unklug schien.

Als ich mit meinem neu entdeckten Enthusiasmus ins Labor zurückkehrte, sprang der Funken auf die anderen über, und ihre Augen blitzten vor Spannung. Die Graduate-Studenten, die von Tsukuba nach Kyoto gezogen waren, um an dem Projekt zu arbeiten, vertieften sich so in ihre Forschungen, dass sie Tag und Nacht im Labor blieben. Wir alle waren im Adrenalinrausch und bewerkstelligten die Entschlüsselung des Gens innerhalb von drei Monaten. Die Tatsache, dass wir das internationale Rennen um die Bestimmung des Gencodes von menschlichem Renin mit einer Unwahrscheinlichkeit von 99 zu eins gewannen, lag an den unermüdlichen Anstrengungen der Graduate-Studenten und an der blitzartigen Intuition, die mich in einer Kneipe in Heidelberg erfasste. Das zeigt nicht nur, wie Intuition zu positiven Ergebnissen führt, sondern es ist auch ein gutes Beispiel dafür, wie Gene in Krisensituationen aktiviert werden.

Im nächsten Kapitel möchte ich Ihnen Genaueres über die Forschungen berichten, die unserer erfolgreichen Entschlüsselung von menschlichem Renin folgten. Falls Sie diese Informationen zu technisch finden, werden wir in Kapitel 6 noch einmal das Wunder unserer Gene besprechen, wie wir im Einklang mit den Naturgesetzen leben können und wie tief Wissenschaft und Spiritualität miteinander verbunden sind.

V

DAS WUNDER DES GENETISCHEN LEBENSENTWURFS

In der Genetik und in der Gentherapie gibt es spannende Entwicklungen. Jeder unserer Schritte – egal wie klein er ist – bringt uns dem Verständnis des riesigen Potenzials näher, das in unseren Genen schlummert, und den zahlreichen Möglichkeiten, mit ihnen zusammenzuarbeiten, um ein erfüllteres, gesünderes Leben zu führen. Mein Ziel in diesem Kapitel ist es, das Wunder unserer Gene – den Entwurf des Lebens – ein wenig zu beleuchten und den ständigen Einfluss der Gene auf unser Leben aufzuzeigen.

Gene haben nicht überall den gleichen Einfluss

Wie bereits erwähnt enthält jedes Gen riesige Mengen an Informationen, die Tausenden von Büchern entsprechen. Da Gene der grundlegende Entwurf jedes lebenden Organismus sind, verändert sich ihr Inhalt nicht, außer unter ungewöhnlichen Umständen wie zum Beispiel bei Mutationen. Die genetischen Informationen sind in vier chemischen Basen verschlüsselt, die mit den Buchstaben A, T, C und G bezeichnet werden, aus deren Reihenfolge sich Anweisungen zur Proteinsynthese ergeben. Ein einzelnes Gen besteht aus über drei Milliarden dieser chemischen Buchstaben. Fehlt aber nur ein Buchstabe in einer Sequenz, kann dieses bestimmte Protein nicht den Anweisungen entsprechend hergestellt werden. Ein Kind wird zum Beispiel mit nur einer Hand geboren, wenn das für die Entwicklung der anderen Hand ausschlaggebende Gen beschädigt ist.

Ganz ähnlich stört eine Veränderung des Gens, das das Sexualverhalten männlicher Fruchtfliegen steuert, ihr typisches Werbungsmuster. Dann kann es passieren, dass Männchen andere Männchen statt Weibchen verfolgen, dass sie unfähig zur Kopulation sind, nach der Kopulation am Weibchen haften bleiben oder sogar jegliches Interesse an der Werbung verlieren. Daran wird deutlich, dass ihr Sexualverhalten von Genen gesteuert wird. Beim Menschen ist das Sexualverhalten allerdings komplexer.

Wir können nicht automatisch davon ausgehen, dass sexuelle Präferenzen beim Menschen von genetischen Faktoren abhängen. Bei einigen können sie genetisch verwurzelt sein, bei anderen können sie sich aus Umwelteinflüssen oder anderen Faktoren als genetischen Informationen ergeben. Eines der Gene für eine bestimmte sexuelle Veranlagung, das beim Vater ausgeschaltet ist, kann beim Kind durch einen anderen Reiz aktiviert werden. Zu den äußeren Reizen gehören die Kultur, zeitliche Faktoren, etwa der Zeitpunkt der Geburt, die Bildung und geografische Faktoren wie der Wohnort. Zurzeit verstehen wir allerdings noch immer nicht vollständig, wie viel von Genen gesteuert wird und welche Veränderungen auf andere Reize zurückzuführen sind.

Was wir wissen, ist, dass die Genetik das Sexualverhalten erheblich beeinflusst, was letzten Endes ja auch direkt der Arterhaltung dient. Andererseits wird angenommen, dass die Umwelt eine fast gleichwertige Rolle wie die Gene einnimmt, wenn es darum geht, die Bedingungen zu schaffen, die eine schwächere Konstitution wie Bluthochdruck zur Folge haben. Gleichermaßen können die Gene zwar die angeborene Intelligenz einer Person festlegen, aber man kann davon ausgehen, dass auch postnatale Faktoren und nicht nur die Vererbung eine große Rolle spielen, weil die Entwicklung der Fähigkeiten einer Person durch Lernen, Erfahrung und Anstrengung beeinflusst wird. Genetisch gesehen können Sie äußerst klug sein, aber das letztendliche Ergebnis wird, abhängig von

Ihren Kindheitserfahrungen und davon, wie Sie sich in Ihrer Ausbildung angestrengt haben, eventuell ganz anders ausfallen.

Was den Einfluss angeht, den die Gene auf Charakter und Naturell haben, so warten wir noch auf die Ergebnisse der aktuellen Genforschungen. Die Medien haben zwar schon die Entdeckung von Genen gemeldet, die für Glück verantwortlich sind oder das andere Geschlecht anziehen, aber Behauptungen wie diese sollten aus wissenschaftlicher Sicht nicht ganz so wörtlich genommen werden. Da sie aber durchaus der Wahrheit entsprechen können, sollten sie auch nicht geradeheraus abgelehnt werden. Zurzeit gibt es allerdings noch keine substanziellen Beweise dafür. Bei Fruchtfliegen können wir eine kontrollierte Umwelt mit bestimmten äußeren Reizen schaffen, um zu untersuchen, wie die Gene sich verhalten, aber da dies beim Menschen unmöglich ist, ist es hier wesentlich schwieriger herauszufinden, wie stark der Einfluss letztendlich ist.

Zwar wissen wir nicht, ob es ein Gen gibt, das für Sex-Appeal verantwortlich ist, aber wir wissen, welches Gen die biologische innere Uhr lebender Organismen steuert. Unser Körper ist auf einen 24-Stunden-Rhythmus gepolt. Die Tendenz, abends müde zu werden und morgens aufzuwachen, oder umgekehrt die Tendenz von Nachttieren, nach Sonnenuntergang aktiv zu werden, weist auf die Existenz eines Gens hin, das diesen Zyklus steuert. Das so genannte "Uhr-Gen" wurde zum ersten Mal 1977 von einem Forschungsteam an der Northwestern-Universität in den Vereinigten Staaten bei Mäusen nachgewiesen. Es war zwar schon bei Bakterien und Fruchtfliegen festgestellt worden, aber es wird erwartet, dass die Entdeckung desselben Gens in Säugetieren zur Entwicklung neuer Mittel gegen Schlafstörungen und Jetlags beim Menschen beitragen wird.

Wir sind uns sicher, dass Gene hinter zahlreichen Verhaltensweisen stecken. Die Forschung macht weiter Fortschritte, so dass wir in naher Zukunft wesentlich mehr darüber wissen werden. Dadurch kann es möglich werden, Fähigkeiten von Menschen zu fördern, indem man ihre Gene oder ihren Charakter verändert. Aber wir sollten nicht vergessen, dass beim Menschen auch Umweltfaktoren eine wichtige Rolle spielen. Die Gene eines Menschen zu verändern ist sinnlos, wenn sie dann nicht auch aktiviert werden.

Der Einfluss der Gene auf die Intelligenz

Die Menschheit ist in ihrer Geschichte von herausragenden Genies beehrt worden. Vielen Menschen ist es ein Rätsel, warum der Nachwuchs von Genies selten mit denselben außergewöhnlichen Eigenschaften gesegnet ist. Viel häufiger ist es so, dass die Kinder von Genies nur mittelmäßige Fähigkeiten haben. Goethes Sohn zum Beispiel war unterdurchschnittlich intelligent und hatte eine schwache Konstitution. Mozart hatte viele Kinder, die meisten starben aber schon in der frühen Kindheit, und auch wenn einer seiner zwei Söhne Komponist wurde, kam er an seinen Vater nie heran. Denselben Trend gibt es auch bei Wissenschaftsgenies: Nur selten sieht man dasselbe Talent bei ihrem Nachwuchs oder gar ihren Geschwistern. Diese Diskrepanz trotz derselben Gene wird höchstwahrscheinlich von zwei Faktoren verursacht: von Umwelteinflüssen und vom genetischen Ein-/Aus-Mechanismus.

Während Genies in bestimmten Bereichen glänzende Leistungen erbringen, zeigt sich bei ihnen oft anderswo eine Überspanntheit. Da die Kinder von Genies direkt den Eigenarten ihrer Eltern ausgesetzt sind, überrascht es nicht, dass viele nicht so wie ihre Eltern sein wollen. Tatsächlich scheinen sowohl Gen- als auch Umweltfaktoren gemeinsam zu verhindern, dass ein weiteres Genie im Stammbaum auftritt.

Darwins Evolutionstheorie zufolge entwickelten sich Menschen, Tiere und Pflanzen in Milliarden von Jahren durch das Überleben der Besten: die natürliche Selektion. Danach können nur diejenigen überleben, die stark genug sind, um sich einer veränderten Umwelt anzupassen. Der Mechanismus der Evolution ist im Wesentlichen eine genetische Veränderung.

Unsere Gene enthalten genetische Informationen aus der Vergangenheit, einschließlich der Gene von Fischen und Reptilien. Im Mutterleib durchlebt der Fötus alle Phasen der menschlichen Evolutionsentwicklung. Mit anderen Worten wiederholt der Embryo die gesamte Evolutionsabfolge, ein Hinweis darauf, dass die Evolutionsgeschichte in unseren Genen aufgezeichnet ist. In der Frühphase der Fötusentwicklung nimmt der Embryo die Form eines Fisches an (siehe Abbildung 5). Menschen werden aber nie als Fische oder Reptilien geboren, weil diese Gene an einem bestimmten Punkt der Fötusentwicklung abgeschaltet werden; wenn nicht, stößt der Körper der Mutter den Fötus ab und beendet die Schwangerschaft vorzeitig.

Abbildung 5: Frühphasen der Fötusentwicklung

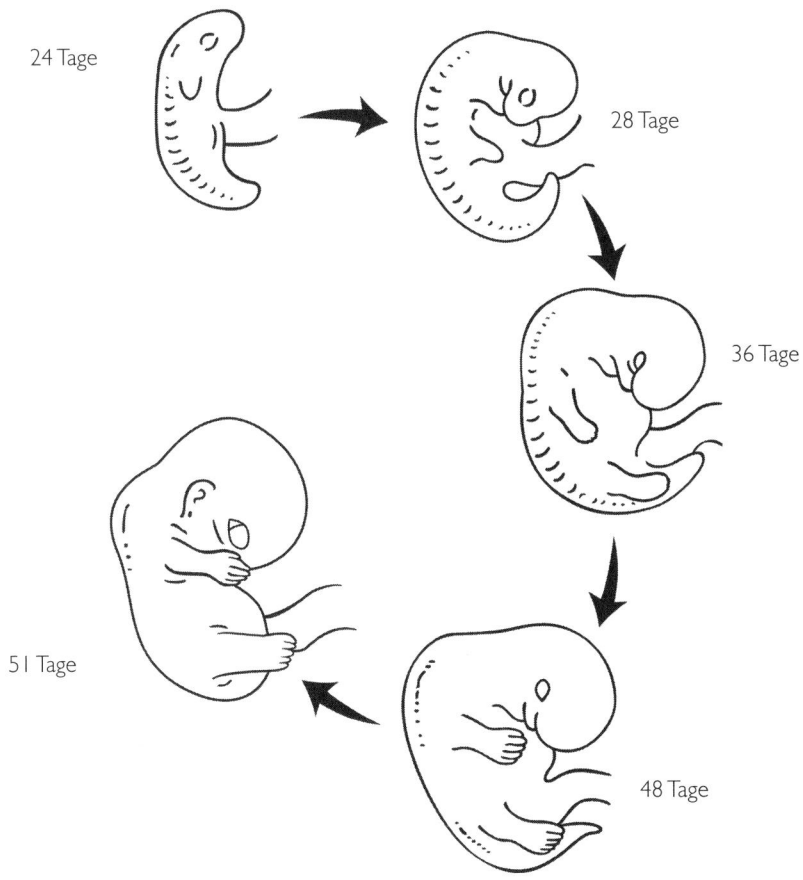

24 Tage

28 Tage

36 Tage

51 Tage

48 Tage

Motoo Kimura, ein für seine Theorie der neutralen Evolution bekannter Genetiker, der diese als Reaktion auf die Darwinsche Theorie entwickelte, behauptet, dass die Chance jedes Lebewesens, überhaupt geboren zu werden, der Chance entspricht, dass jemand hintereinander eine Millionen Mal 100 Millionen Dollar im Lotto gewinnt. Einige Menschen beneiden vielleicht Genies und Wunderkinder, aber wenn sie an ihrer Stelle wären, dann würden sie vielleicht einfach nur feststellen, dass auch Genies ihre eigene Version von Schmerz und Leid erleben. Vielleicht beneiden Genies ja auch Menschen mit mittelmäßigen Fähigkeiten. Statt einander zu beneiden, sollten wir aber lieber der Tatsache Anerkennung zollen, dass alleine das Geborenwerden schon ein Wunder ist.

Wenn genetische Schlüsselinformationen zerstört werden, treten schwere Schäden auf

In Kapitel 1 habe ich die DNA-Struktur vorgestellt (siehe Abbildung 2) und beschrieben, welche Paare die vier chemischen Basen A, T, C und G bilden, die sich auf den Stufen der Wendeltreppe befinden: A mit T und C mit G. Diese Paare verändern sich nie, außer bei Mutationen. Die in diesen Buchstaben verschlüsselten Informationen sind in 23 Chromosomenpaaren enthalten und steuern die Aminosäurensequenz während der Proteinsynthese. Die Aminosäuren sind die Bausteine des Proteins, und die Gene geben vor, welche Art Protein hergestellt werden soll, indem sie die Reihenfolge festlegen, in der die Aminosäuren angeordnet werden.

Protein ist einer der wichtigsten Bestandteile des Körpers. Ein Unterschied in der Reihenfolge einer einzigen Aminosäure kann die Art des Proteins verändern. Alle Proteine von Pflanzen, Tieren und Menschen sind unterschiedlich. Selbst die Proteine des Muskelgewebes zwischen Rindern und Menschen unterscheiden sich leicht voneinander. Der Unterschied wird durch die Reihenfolge der Aminosäuren in der

Genstruktur bestimmt. Es sind daher die genetischen Unterschiede, die eine Spezies von der anderen abgrenzen. Allerdings wissen wir nichts Genaueres darüber, welches Gen oder welcher Teil davon die Trennlinie zum Beispiel zwischen Mensch und Affe bildet.

Proteine bestehen aus Aminosäuren, die in einer langen, komplexen Sequenz angeordnet sind. In einer Sequenz gibt es immer eine oder zwei Stellen, die eine wesentliche Rolle für die Funktionsweise des Proteins spielen. Sie werden als aktive Zentren bezeichnet. Im Vergleich mit der übrigen Sequenz gibt es sehr wenige aktive Zentren. Während eine Beschädigung anderer Sequenzabschnitte nur wenig auszumachen scheint, wird durch eine Zerstörung oder Mutation eines Gens, das ein aktives Zentrum steuert, die Herstellung dieses Proteins unterbrochen, was eine Missbildung im Organismus zur Folge haben kann.

Das erinnert an den großen, scheinbar ungenutzten Teil unserer Zellen und Gene. Soweit wir bisher feststellen konnten, wird nur ein kleiner Prozentsatz unserer 15 Milliarden Gehirnzellen effektiv genutzt, daher übertrifft die Zahl der deaktivierten Gene die Zahl der aktivierten Gene bei weitem. In ihrer Untätigkeit liegt aber eine Bedeutung. Unser Körper wird von vielen verschiedenen Viren und Bakterien bombardiert. Wenn die Genstruktur keinen Spielraum zulassen würde, würde der angegriffene Bereich sofort beschädigt werden. Und der Schaden wäre noch gravierender, wenn dieser Bereich lebenswichtig wäre. Um das zu verhindern, enthalten Gene trotz ihrer geringen Größe Leerräume. Diese sind keinesfalls nutzlos. Vergleichen Sie nur einmal den Schaden, den eine Rakete anrichten würde, wenn sie auf eine dicht bevölkerte Stadt stürzen würde, mit dem in einer großen Wüste oder einem großen Wald, dann wissen Sie, was ich meine.

Falls in der Schwangerschaft eine Missbildung auftritt, kann das Baby mit einer Behinderung oder einer Erbkrankheit geboren werden. Anders ausgedrückt: Falls Schlüsselinformationen in einem Gen schadhaft sind, werden sie die normale Körperentwicklung behindern. Angeborene Blutarmut zum Beispiel tritt auf, weil die Gene, die die Produktion des Blutfarbstoffes steuern, anomal sind und daher nicht das notwendige

Protein herstellen. Ganz ähnlich wird die Bluterkrankheit, bei der Blut nicht richtig gerinnen kann, dadurch verursacht, dass ein Gen fehlt, das normalerweise für die Blutgerinnung verantwortlich ist. Mittlerweile wissen wir, dass genetische Faktoren auch eine wesentlich größere Rolle als bisher angenommen dabei spielen, was wir "Zivilisationskrankheiten" nennen, obwohl Umweltfaktoren auch hier nicht außer Acht gelassen werden dürfen.

Gene befinden sich daher an der Wurzel vieler Krankheiten: Entweder hat ein Gen aufgehört, korrekt zu arbeiten, oder ein Gen, das überhaupt nicht arbeiten sollte, wurde aktiviert. Die Faktoren, die für diese Fehler ursächlich verantwortlich sind, können grob in Vererbung und Umwelt unterteilt werden. Menschen, die mit der genetischen Tendenz zu einer bestimmten Krankheit geboren werden, können durchaus niemals irgendwelche Symptome zeigen, wenn die Umweltfaktoren günstig sind. In diesem Fall können wir annehmen, dass die Gene, die die Krankheit hätten verursachen sollen, nicht aktiviert wurden. Wenn zum Beispiel in Ihrer Familie häufig Diabetes vorkommt, Sie aber keine Anzeichen dafür haben, dann tragen Sie vielleicht sehr wohl das Gen in sich, aber Ihre spezifischen Umweltfaktoren – zu denen möglicherweise auch psychologische Faktoren gehören – sorgen dafür, dass das Gen deaktiviert bleibt.

Die Rolle von Renin im Bluthochdruck

Nun möchte ich detaillierter den Verlauf unserer Renin-Studie und die Freude und Frustration beschreiben, die uns unser Abenteuer einbrachte, ein Behandlungsmittel gegen Bluthochdruck zu finden. Als Hintergrund: Schätzungsweise ist jeder Vierte in den Vereinigten Staaten von Bluthochdruck betroffen. 70 Prozent der daran Leidenden können inzwischen erfolgreich mit Reninhemmern und anderen Medikamenten behandelt werden. Ende des 19. Jahrhunderts erkannten Wissenschaftler Renin zum ersten Mal als Substanz, die den Blutdruck erhöht. Da eine Beschädigung oder Fehlfunktion der Nieren hohen Blutdruck zur Folge hat, vermuteten die Wissenschaftler, etwas in den Nieren müsse den Bluthochdruck verursachen. Sie stellten einen Nierenextrakt her, injizierten die Flüssigkeit in die Vene eines Probanden und stellten fest, dass bei ihm tatsächlich der Blutdruck anstieg. Diese Substanz wurde *Renin* genannt (was "Niere" bedeutet). Aus den nachfolgenden Forschungen ergab sich das Enzym-Hormon-System, das in Abbildung 6 dargestellt ist. Das Enzym Renin erhöht nicht selbst den Blutdruck, sondern regt vielmehr das Vorläuferprotein Angiotensinogen an, das den Blutdruck ansteigen lässt, indem es das Hormon Angiotensin bildet. Dieses Hormon ist die wirksamste heute bekannte blutdruckerhöhende Substanz. Zur Behandlung von Bluthochdruck sind heute Medikamente in der breiten Anwendung, die die Funktionsweise dieses Enzym-Hormon-Systems unterbrechen.

Abbildung 6: Eine Störung des Enzym-Hormon-Systems führt zu Bluthochdruck

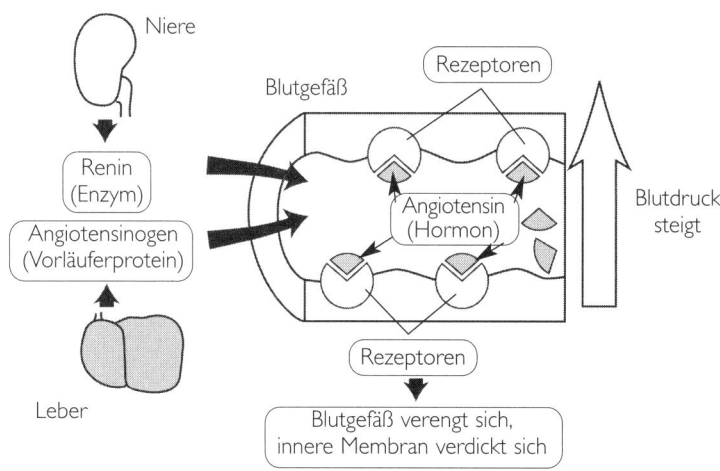

Renin und Angiotensinogen reagieren im Blutgefäß und produzieren Angiotensin, das sich an die Rezeptoren heftet. Das führt zu einer Verengung des Blutgefäßes, so dass der Blutdruck ansteigt.

Die Rolle von E. coli-Bakterien in der Gentechnik

Wie ich im vorigen Kapitel erwähnte, gewann mein Labor das Rennen um die Erkennung der Struktur des menschlichen Renins größtenteils dank *E. coli*-Bakterien und ihrer wertvollen Funktion für die Gentechnik. Wegen des Ausbruchs virulenter Bakterienstämme stehen die meisten Menschen *E. coli*-Bakterien eher besorgt gegenüber. Wissenschaftler, die sich mit Gentechnik befassen, betrachten diesen Organismus allerdings mit großem Respekt, weil er sich als der geeignetste Träger für die Übertragung von Genen erwiesen hat. Darüber hinaus reproduziert er sich alle 20 Minuten selbst, was überaus nützlich ist, wenn man Kopien übertragener Gene anfertigen und Proteine auf der Grundlage von genetischen Anweisungen synthetisieren will. Daher wurde *E. coli* gründlich analysiert, und das Bakterium ist so zum idealen Forschungsmaterial und zum Ursprung vieler Nobelpreise geworden. Tatsächlich werden *E. coli*-Bakterien in der heutigen Genforschung am häufigsten als Medium verwendet. Die Anzahl derjenigen, die ihren Doktortitel aus der Untersuchung dieser Organismen erlangt haben, beträgt locker mehrere Tausend.

E. coli-Bakterien enthalten nur 4,6 Millionen genetische Informationen, im Vergleich zu drei Milliarden beim menschlichen Genom, ein weiterer Pluspunkt für die Forschung. Die genetische Struktur von *E. coli*-Bakterien wurde 1997 komplett entschlüsselt. Das bedeutet, dass wir nun den Unterschied zwischen dem virulenten O-157, dem 157. Stamm der *E. coli*-Bakterien, und gewöhnlichen *E. coli*-Bakterien kennen, was es uns ermöglicht, die Probleme mit dem virulentesten Stamm auf genetischer Ebene zu bekämpfen.

Mit der Entschlüsselung des Renin-Gens waren wir sofort in der Lage, seine Grundstruktur zu identifizieren, und auf ihrer Basis erstellten wir dann 1985 ein dreidimensionales Modell. Da es sich bei diesem Modell aber nur um eine Schätzung handelte, wollten wir seine Struktur noch genauer herausfinden. Hierfür brauchten wir große Mengen an menschlichem Renin, zu dessen Herstellung wir *E. coli*-Bakterien verwendeten.

Abbildung 7 (siehe Seite 110) zeigt einen Weg, *E. coli*-Bakterien zur Herstellung menschlicher Proteine zu verwenden. Mit dieser Methode werden Proteine wie menschliches Insulin, menschliches Interferon und menschliche Wachstumshormone hergestellt. Die Technologie, Gene in *E. coli*-Bakterien zu nutzen, um damit diese Proteine herzustellen, wurde mit Hochspannung begrüßt. Früher mussten Substanzen wie Interferon, das bei der Behandlung von Krebs wirkungsvoll sein soll, aus menschlichen Probanden entnommen werden, und man brauchte 18 Monate, um lediglich fünf Milligramm zu gewinnen. Heute können wir mit der Gentechnik so viel davon produzieren, wie wir möchten.

Wir schafften es tatsächlich, aus *E. coli*-Bakterien menschliches Renin herzustellen. Schwierigkeiten gab es allerdings auch da. Obwohl unser Renin-Strukturmodell perfekt war, war das von uns hergestellte menschliche Renin ein Wirrwarr nutzloser Fäden statt des schön geformten, lebendigen und funktionierenden Enzyms, das wir erwartet hatten. Mit *E. coli*-Bakterien produzierte menschliche Hormone und Proteine entstehen im Zellinneren der Bakterien. Um an sie zu gelangen, ist es notwendig, die harte Zellmembran zu durchbrechen. Zudem gestaltet sich die Abtrennung der hergestellten Substanz von den normalen *E. coli*-Proteinen als äußerst schwierig. So war es uns zwar gelungen, die korrekte Aminosäurensequenz herzustellen, aber sie hatte nicht die dreidimensionale Form von Renin. Das bedeutete, dass wir unser Ziel nicht erreichen konnten, ein Strukturmodell aufzustellen. Als wir erkannten, dass *E. coli*-Bakterien nicht funktionieren würden, beschlossen wir, es mit anderen Zellarten zu versuchen: mit Hefe, Bacillus subtilis und einer gezüchteten Tierzelle.

Abbildung 7: Produktion von menschlichem Protein aus E. coli-Bakterien

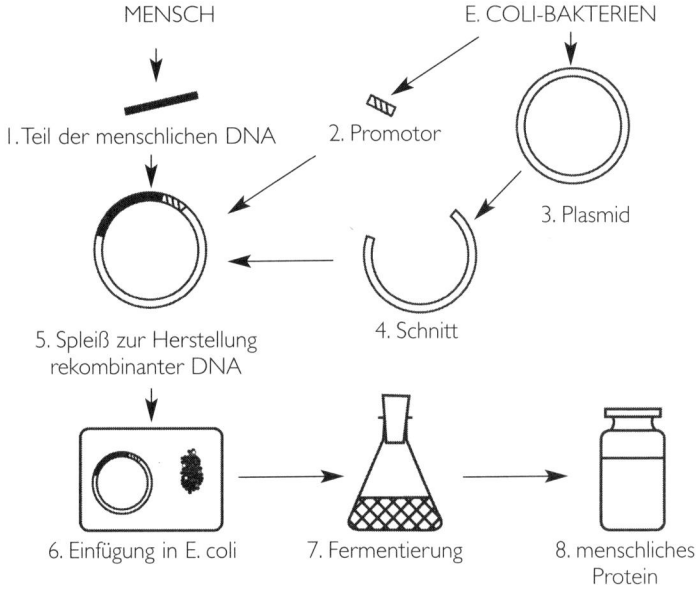

MENSCH   E. COLI-BAKTERIEN

1. Teil der menschlichen DNA   2. Promotor

3. Plasmid

5. Spleiß zur Herstellung rekombinanter DNA   4. Schnitt

6. Einfügung in E. coli   7. Fermentierung   8. menschliches Protein

Um mit E. coli-Bakterien menschliches Protein herzustellen, müssen wir einen E. coli-Bakterien-Promotor vor dem eingeführten menschlichen Strukturgen einspleißen. Die RNA-Synthetase des Bakteriums wird den Promotor erkennen, sich mit ihm verbinden und mit der Transkription beginnen. Wir verwenden einen Promotor, der ein Regulatorgen enthält, das in der Lage ist, die Transkription der DNA durch die Boten-RNA zu beginnen und zu beenden. Ohne Regulator könnten wir nicht den Ein-/Aus-Schalter kontrollieren. Der Regulierungsmechanismus des Promotors befindet sich anfangs in der Aus-Position, um eine ausreichende Verbreitung zu ermöglichen. Dann wird der Mechanismus eingeschaltet, und die Bakterien beginnen mit der Proteinproduktion. Wenn wir Laktose oder eine andere Nahrung zur Verfügung stellen, um das Wachstum der E. coli-Bakterien zu fördern, wird der Hemmer freigesetzt und so die Synthese herbeigeführt. Wir verwenden Plasmide als Träger des Promotors, der zur Proteinsynthese notwendig ist, und des DNA-Fragmentes, das notwendig ist, um die DNA zu kopieren. Plasmide sind DNA-Ringe, die nicht in den Chromosomenpaaren integriert sind, die das Herzstück unserer genetischen Informationen bilden, sondern die sich frei bewegen und sich autonom replizieren. Da sie leicht extrahiert werden können, können wir sie effektiv nutzen, um die gewünschten Substanzen herzustellen.

Diesmal taten wir uns mit der Upjohn Company zusammen, einem internationalen Pharmaunternehmen. Wir entschlossen uns zur Zusammenarbeit mit Upjohn, weil die Firma starkes Interesse bekundete, sich innerhalb einer Woche, nachdem wir menschliches Renin extrahiert hatten, an uns wandte, und weil sie auf einer gründlichen Studie von der ersten Forschungsstufe an bestand. Ihr Interesse kam daher, dass wir menschliches Renin hergestellt hatten. Falls unsere Techniken zur Produktion großer Mengen geeignet waren, würde die Firma es kristallisieren und seine korrekte Form analysieren können, um dann ein wirksames Medikament gegen Bluthochdruck zu entwickeln, denn als Pharmaunternehmen hatte die Firma das Ziel, Medikamente herzustellen. Dazu musste sie baldmöglichst die genaue Struktur von Renin herausfinden. Mit diesem Wissen würde es vergleichsweise einfach sein, einen Reninhemmer herzustellen.

Wir produzierten gemeinsam 200 Milligramm Renin und definierten damit die Renin-Struktur (siehe Abbildung 8 auf Seite 112).

Forschungen führen oft zu unerwarteten Ergebnissen

Die Herstellung von Renin und die Ermittlung seiner Struktur führten zu einer unerwarteten Entwicklung, die vielen Menschen Nutzen brachte. Ein Enzym, das derselben Familie wie Renin angehörte, stellte sich als möglicherweise wirksames Behandlungsmittel gegen AIDS heraus. Daraufhin machten sich viele Unternehmen an die Entwicklung, so dass ein neues Medikament entstand. Die Anzahl der AIDS-Toten in den Vereinigten Staaten sank 1997 erstmals seit der Entdeckung von AIDS, was direkt mit der Einführung dieses Medikamentes zusammenhing. Unsere Forschungsergebnisse führten außerdem zur Entwicklung eines Bluthochdruckhemmers, was eine 70-prozentige Heilungsrate für reninabhängigen Bluthochdruck zur Folge hatte. Dieses Medikament wurde auch in Japan eingeführt.

Abbildung 8: Menschliches Renin mit Hemmer

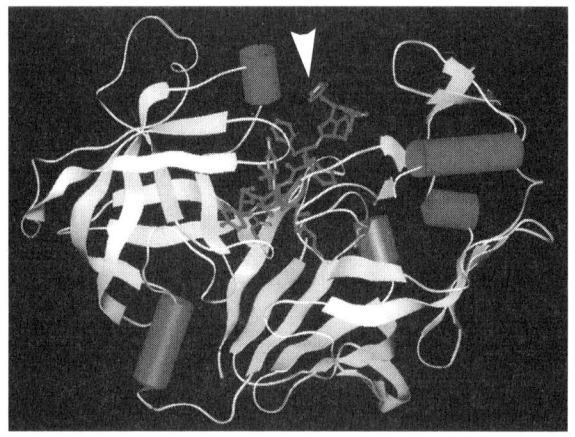

Der Pfeil zeigt auf den Hemmer: Der Rest ist menschliches Renin.

Die Struktur von Renin wurde zwischen 1990 und 1991 genau identifiziert, fünf bis sechs Jahre nachdem wir unser Schätzungsmodell von menschlichem Renin erstellt hatten. Wir hatten nicht nur unser Ziel erreicht – zu erfahren, wie mittels Gentechnik menschliches Protein in großen Mengen hergestellt werden kann –, sondern die Ergebnisse unserer Grundlagenforschung führten zur Entwicklung von AIDS- und Bluthochdrucktherapien und schufen die Voraussetzungen für die Konzipierung von Medikamenten mit Hilfe von Computergrafiken. Mit den Ergebnissen waren wir hochzufrieden.

In der Folge wandten wir uns der Gentherapie zu, um die Behandlungsmöglichkeiten von Bluthochdruck eingehender zu erforschen. Die Gentherapie ist eine revolutionäre Technologie, die die Zukunft der Medizin darstellt. Im nächsten Abschnitt möchte ich Ihnen ein wenig die Hintergründe und die neuesten Fortschritte dieses spannenden Bereichs der Genetik vorstellen.

Durch das Knacken des Gencodes wird die Gentherapie möglich

Jede Zelle in Ihrem Körper ist ein unabhängiger lebender Organismus. Eine Leberzelle muss nicht nur als Leberzelle arbeiten, sondern auch eigenständig leben, um diese Aufgabe zu erfüllen. Wie wird der menschliche Körper, der aus Billionen von Zellen besteht, gebildet? Alles beginnt mit einem einzelnen befruchteten Ei, danach entsteht jede Zelle durch die Zellteilung und wird nicht etwa von außen zugeführt. Selbst ein riesiger Sumo-Ringer hat als einzelnes befruchtetes Ei angefangen, so winzig, dass es für das bloße Auge unsichtbar war...

Die wichtigsten Forschungsmethoden in den Biowissenschaften sind Experimente und Beobachtung. Dank enormer Fortschritte in der Beobachtungstechnologie und in den experimentellen Methoden ist es ziemlich einfach geworden, Organe wie zum Beispiel die Leber zu entnehmen und gründlich zu untersuchen. Aber wenn wir diese Organe entfernen, ist es unwahrscheinlich, dass sie genauso arbeiten wie im Körperinneren. Das gilt nicht nur für Gewebe, sondern auch für Zellen. Wenn wir im Labor eine Zelle extrahieren und züchten, können wir beschreiben, was sie tut, aber dennoch wissen wir nicht, ob dasselbe stattfindet, wenn die Zelle sich im Körper befindet. Wir müssen überprüfen, ob die einzelne Zelle, wenn sie zurückgesetzt wird, auf dieselbe Weise arbeitet wie im Labor, weil sie zwar ab und zu einmal genauso arbeitet, dann aber passiert wieder etwas vollkommen Unerwartetes.

In der sich immer weiterentwickelnden Gentechnik stoßen genetische Diagnosen und Behandlungen auf großes Interesse. Obwohl die ethischen und moralischen Probleme weiter bestehen bleiben, wurde die Technologie zur Identifikation und Extraktion oder Entfernung eines bestimmten Gens bereits entwickelt, und genetische Eingriffe in medizinischen Behandlungen sind ein natürliches Ergebnis davon. Eine Krankheit könnte zum Beispiel geheilt werden, indem das schädliche Gen, das sie verursacht, entfernt wird. Dieses Verfahren ist als Gentherapie bekannt, und die Zahl der ermittelten krankheitsverursachenden

Gene steigt rapide an. Die Gentherapie ist vergleichbar mit einer künstlichen Kontrolle des genetischen Ein-/Aus-Mechanismus, und sie hat das Potenzial, in der Behandlung von Krankheiten extrem hilfreich zu sein. Es wurden bereits Tierversuche durchgeführt, in denen ein fehlendes Gen eingesetzt wurde, um funktionelle Behinderungen zu überwinden, und wir nähern uns dem Punkt, an dem wir Gene nach Belieben manipulieren können. Gleichzeitig allerdings können die Ergebnisse unvorhersehbar und möglicherweise schädlich sein, wie Sie am folgenden Beispiel sehen werden. Auf Grund dessen müssen wir extrem vorsichtig sein, wenn wir diese Therapie einsetzen wollen.

1988 identifizierte ein Forschungsteam an der Tsukuba-Universität das Hormon Endothelin, das bei der Verengung von Blutgefäßen eine Rolle spielt. Diese herausragende Entdeckung erlangte wegen der Wirkung von Endothelin auf den Blutdruck auch bei der Verabreichung kleiner Mengen internationale Aufmerksamkeit. Wissenschaftler aus aller Welt machten sich daraufhin an die nähere Untersuchung. Mit der Technologie, mit der wir ein bestimmtes Gen isolieren und extrahieren, entfernen oder ersetzen können, wurde bei Mäusen das mit Endothelin zusammenhängende Gen entfernt. Als Ergebnis hörte der Blutdruck der Mäuse auf zu steigen. Da sie Anwendungsmöglichkeiten in der Behandlung von Bluthochdruck sahen, züchteten Wissenschaftler Versuchsmäuse, in denen dieses Gen abgeschaltet war. Doch schon bald wurde auf dramatische Weise klar, dass das Gen eine entscheidende Funktion für die Ausbildung des Kiefers innehatte, da die genetisch veränderten Mäuse ohne Unterkiefer geboren wurden. Da sie nicht fähig waren zu atmen, starben diese Mäuse bald nach der Geburt. Das veranschaulicht, dass es in der sich noch entwickelnden Gentherapie noch viele Unbekannte gibt.

Das Verfahren, ein bestimmtes Gen zu isolieren und auszuschalten, ist als genetischer "Knockout" bekannt. Lassen Sie mich Ihnen ganz einfach erklären, wie Knockout-Mäuse gezüchtet werden. Diese Technologie wurde möglich, als Wissenschaftler entdeckten, wie im Labor statt im Körper embryonale Stammzellen gezüchtet werden können. (Embryonale Stammzellen können genau wie befruchtete Eier der Ursprung jeder

Zellart sein, die im Erwachsenen vorkommt.) Ein Knockout-Gen wird in eine normale embryonale Stammzelle einer schwarzen Maus eingesetzt und dann innerhalb der Acht-Zyklus-Phase (wenn die Zelle sich in acht Zellen aufteilt) in den Embryo einer normalen weißen Maus eingesetzt, um einen Hybrid-Embryo zu erzeugen. Dieser Embryo wird dann in die Leihmutter implantiert. Knockout-Mäuse werden erzeugt, indem ihre Nachkommen, die mit dem veränderten Gen in ihren Fortpflanzungszellen geboren werden, nachgezüchtet werden. Diese Methode wird eingesetzt, um gezielt bestimmte Gene abzuschalten.

Die Gentherapie ist riskant, aber auch revolutionär

Um Renin zu erforschen und den Mechanismus aufzuklären, mit dem Hormone den Blutdruck erhöhen und senken, machte sich unser Forschungsteam daran, Mäuse mit hohem Bluthochdruck zu züchten. Warum machen wir uns diese Mühe? Leider gibt es keine andere Methode; diese Mäuse sind sehr nützlich für die Entwicklung von Medikamenten zur Vorbeugung und Behandlung von Bluthochdruck beim Menschen. An Hand von Versuchen mit Modellmäusen mit Bluthochdruck können wir untersuchen, wie die an der Entstehung von Bluthochdruck beteiligten Gene arbeiten, und die Beziehung zwischen Genen und Umweltfaktoren wie zum Beispiel der Ernährung herausfinden.

Die hypertensiven und hypotensiven Mäuse von Tsukuba besitzen übertragene Gene. Um Bluthochdruck-Mäuse zu züchten, verpaarten wir zunächst normale Mäuse und entnahmen befruchtete Eier aus den Weibchen. Dann wurde ein menschliches Renin-Gen in den Zellkern jedes befruchteten Eis eingesetzt (siehe Abbildung 9 auf Seite 116), und die Eier wurden in Leihmütter implantiert, die Würfe mit etwa 14 Jungen hatten. Gewöhnlich tragen etwa zwei Nachkommen das menschliche Renin-Gen in sich. Wir fanden heraus, das das menschliche Renin-Gen in den Mäusen bestimmte Nierenzellen anregte, die dann genau wie im menschlichen

Körper große Mengen an menschlichem Renin herstellten. Bei den Mäusen war es eingeschaltet und arbeitete genauso, wie wir es erwartet hatten, allerdings blieb der Blutdruck der Mäuse normal.

Abbildung 9: Einsetzen des Gens in das befruchtete Ei

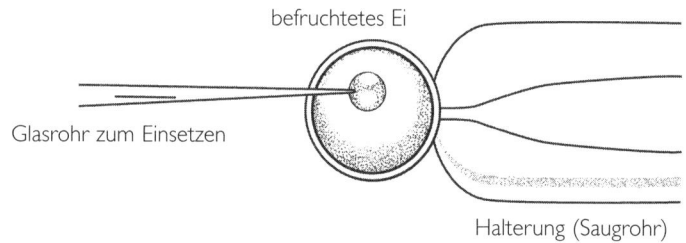

befruchtetes Ei

Glasrohr zum Einsetzen

Halterung (Saugrohr)

Dann erzeugten wir Mäuse, die das Gegenstück von menschlichem Renin besaßen – das menschliche Vorläuferprotein Angiotensinogen. Auch in diesem Fall war das menschliche Gen in den Mäusen eingeschaltet, und die Leber und andere Organe erzeugten große Mengen an menschlichem Angiotensinogen. Doch wieder war der Blutdruck der Mäuse normal.

Diese Ergebnisse zeigten, dass die Regulatorgene sowohl in menschlichem Renin als auch in menschlichem Angiotensinogen wirklich in den Mäusen arbeiteten, genau wie wir erwartet hatten, ein Erfolg, der gründlichen Forschungen an Regulatorgenen auf der Zellebene zu verdanken war. Aber es trat kein Bluthochdruck auf, der wichtigste Effekt, den wir hatten erreichen wollen.

An diesem Punkt war uns danach, das Handtuch zu werfen, aber dann versuchten wir herauszufinden, warum der Blutdruck der Mäuse nicht angestiegen war. Wir kehrten zu Reagenzglasversuchen zurück und erkannten ein paar Monate später, dass menschliches Renin kein Paar mit dem Gegenstück in den Mäusen (dem Angiotensinogen der Mäuse) bildete. Und auch das Mäuse-Renin bildete kein Paar mit dem menschlichen Angiotensinogen. Nachdem wir diese beiden Dinge bestätigt hatten, verpaarten wir Mäuse, die das menschliche Angiotensinogen-Gen in

116

sich trugen. Etwa drei Monate nach der Geburt entwickelten die Nachkommen dieser Paare Bluthochdruck.

Mäuse, die nur einen der beiden Faktoren für Bluthochdruck in sich trugen, entwickelten keinen Bluthochdruck, aber als beide in derselben Maus zusammen auftraten, trat Bluthochdruck auf. Der maximale Blutdruck einer normalen Maus liegt bei 100, bei den hypertensiven Mäusen aber lag er zwischen 120 und 140. Als wir den hypertensiven Mäusen einen Reninhemmer verabreichten, sank der Blutdruck auf etwa 100, und als wir aufhörten, das Mittel zu geben, stieg der Blutdruck wieder auf die ursprüngliche Höhe an.

Als Nächstes erzeugte unser Team dann "hypotensive Tuskuba-Mäuse", indem wir ein Gen entfernten, das Angiotensinogen herstellt und eng mit Renin verwandt ist. Mit diesem Experiment versuchten wir herauszufinden, ob das Enyzm-Hormon-System, durch das Renin ausgelöst wird, wirklich an der Kontrolle des Blutdrucks auf der Ebene eines individuellen Organismus beteiligt ist. Wie wir erwartet hatten, war der Blutdruck der Mäuse, denen das Gen fehlte, 30 Punkte niedriger als bei normalen Mäusen.

Noch eine bemerkenswerte Entdeckung

Unsere Forschungen brachten ein überraschendes Ergebnis, das alles übertraf, was ich mir je hätte vorstellen können. Eines Tages bekamen die trächtigen Mäuse, die mehrmals verpaart worden waren, um hypertensive Mäuse zu züchten, selbst Bluthochdruck. Uns war klar, warum ihre Jungen Bluthochdruck haben würden. Schließlich hatten sie zwei Bluthochdruckfaktoren von ihren Eltern geerbt. Aber wir verstanden nicht, warum nun der Blutdruck der Mutter anstieg. Um die Ursache dieser unerwarteten Entwicklung herauszufinden, machten wir einen Bluttest bei den Weibchen und fanden menschliches Renin, das eigentlich nur beim Männchen hätte vorkommen dürfen. Was ging hier vor?

Zuerst nahmen wir an, dass das Hormon bei der Verpaarung übertragen worden war. Aber wenn dem so war, hätte es sich innerhalb von ein bis zwei Stunden zersetzen müssen. Nach einer Menge Untersuchungen entdeckten wir zu unserem großen Erstaunen, dass das menschliche Renin-Gen die Mutter durch die Plazenta erreicht hatte. Das bedeutet, dass andere Gene, die der Fötus vom Vater erbt, auch die Mutter während der Schwangerschaft beeinflussen könnten. Obwohl wir uns noch im Tierversuchsstadium befinden, könnte dieses Phänomen auch beim Menschen durchaus denkbar sein.

In unserem Experiment endete dieses Phänomen, sobald die Mutter die Jungen bekam. Wie aus Abbildung 10 ersichtlich, stieg der Blutdruck der Mutter (Zeitpunkt der Empfängnis 0) ab dem zehnten Tag stark an, erreichte kurz vor der Geburt den Höhepunkt und kehrte am 20. Tag nach der Geburt wieder zur normalen Höhe zurück (Siehe Abbildung 10 auf Seite 119). Aber von diesen Genen verursachte funktionelle Behinderungen wären geblieben. Diese Entdeckung dürfte helfen, die Ursachen von Blutvergiftungen bei schwangeren Frauen zu erklären.

Die Ergebnisse dieses Experimentes standen im Blickpunkt des internationalen Interesses. Im November 1996 schickte die namhafte amerikanische Zeitschrift Science, die selten Arbeiten japanischer Wissenschaftler vorstellt, einen Journalisten zu uns, widmete unserer Forschung einen ganzen Artikel und begrüßte darin unsere Arbeit als kreativste Entdeckung der letzten Jahre in diesem Bereich.

In den Jahren von der Planungsphase bis zum Abschluss mussten wir viele Rückschläge hinnehmen, aber die Untersuchung von Bluthochdruck bei Mäusen war eine unglaublich lohnende Erfahrung. Wir erhielten hypertensive und hypotensive Mäuse, die zwei unterschiedliche Arten von Bluthochdruck haben, zusätzlich zu normalen Labormäusen (siehe Abbildung 11 auf Seite 119). Wir sind die weltweit einzige Forschungsgruppe, die über zwei unterschiedliche Mäusearten zur Untersuchung von Bluthochdruck verfügt. Da wir noch nicht hinter den Mechanismus gekommen sind, wie Hormone den Bluthochdruck erhöhen oder senken, bin ich der Überzeugung, dass durch die Züchtung dieser Mäuse die Forschungen über Bluthochdruck schneller vorankommen werden. Und diese Technologie kann auch zur Erforschung zahlreicher anderer Krankheiten wie zum Beispiel Krebs eingesetzt werden.

Abbildung 10: Trächtigkeitszeitraum und Blutdruckdynamik bei trächtigen Bluthochdruck-Mäusen

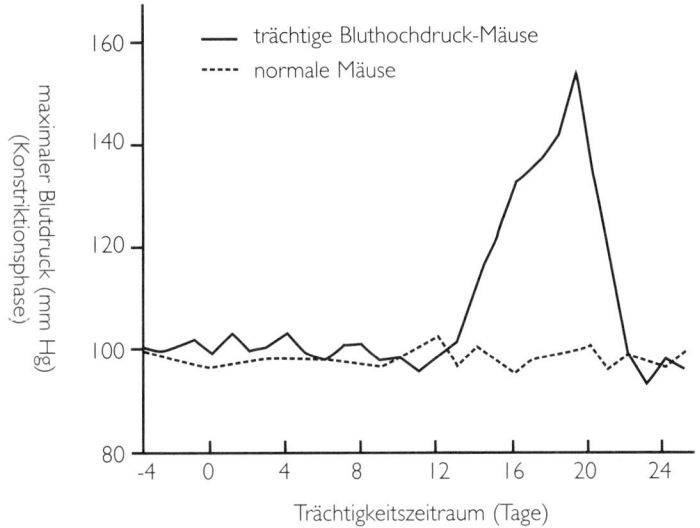

Abbildung 11: Blutdruck unterschiedlicher Mausarten

Mausart	Konstriktionsphase Blutdruck (mm Hg)
hypertensive Tsukuba-Maus	129,1 ± 7,1
normale Maus	100,4 ± 4,4
hypotensive Tsukuba-Maus	66,9 ± 4,1

Der Blutdruck der Konstriktionsphase ist der maximale Blutdruck.

Obwohl viele Dinge in diesem Kapitel Ihnen vielleicht eher technisch vorgekommen sind, hoffe ich, dass Sie ein paar Einblicke in das Wunder unserer Gene gewonnen haben. Je mehr ich mich damit befasse, desto mehr staune ich über das außerordentliche System des menschlichen Körpers. Die Tatsache, dass die winzigen Informationen in unseren Zellen Charakter, Verhalten, Gesundheit und Krankheit beeinflussen, faszinierte mich in meiner gesamten wissenschaftlichen Laufbahn, und meine Ehrfurcht ist seither kein bisschen geringer geworden. Der Entwurf des Lebens ist so erstaunlich, dass ich seinen Ursprung nur für göttlich halten kann. Er macht mir in hohem Maße die Existenz von "Etwas Großem" bewusst, das wir im nächsten Kapitel näher ergründen werden.

VI

DIE VEREINIGUNG VON WISSENSCHAFT UND GOTT

Auch Fortschritte in der Gentechnik können nicht die Naturgesetze brechen

Mit dem ständigen Fortschritt der Wissenschaften ist es wesentlich schwieriger geworden zu beurteilen, was für die Gesellschaft nützlich und was schädlich ist. Aus diesem Grund ist die Biotechnologie, darunter auch die Gentechnik, Gegenstand so vieler Debatten, und darum entzündete die Geburt des ersten Klonschafs in England 1997 internationale Kontroversen. Viele Menschen meiden genetisch veränderte Lebensmittel aus Angst vor Gesundheitsrisiken, oder sie bezweifeln, ob der Mensch das Recht hat, an der Natur und den Genen herumzupfuschen, da sie die Schöpfung Gottes sind.

Obwohl bei genetischen Veränderungen und beim Klonen gleichermaßen die Gentechnologie zum Einsatz kommt, sind beide ganz unterschiedliche Dinge. Das ändert allerdings nichts an der Tatsache, dass die Gentechnik direkt den Mechanismus des Lebens beeinflusst. Daher ist es unmöglich, dieses Gebiet von Ethik und Religion abzutrennen. Die heute gestellte Frage lautet, wie weit wir mit der Gentechnologie gehen dürfen.

Aus der Perspektive eines Genforschers sind genetische Veränderungen an sich nichts Schlechtes, da es sie schon immer gegeben hat. Unsere Vorfahren verbesserten Pflanzenstämme, weil sie Saaten mit Eigenschaften erhalten wollten, die zur Kultivierung geeignet waren. Die allermeisten der heute in der Landwirtschaft verwendeten Saaten ähneln nicht mehr den Pflanzen, von denen sie ursprünglich abstammen.

Die klassische Methode der genetischen Veränderung ist die Rassenkreuzung. Einige Menschen sind der falschen Auffassung, dass bei dieser Methode keine genetischen Veränderungen stattfinden. Tatsächlich aber ist diese konventionelle Methode der Saatenverbesserung der Inbegriff der genetischen Veränderung. Verbesserte Pflanzenhybriden, die durch Fremdbestäubung erzeugt wurden, sind ganz eindeutig genetisch verändert.

Genetische Veränderungen durch Rassenkreuzung aber können nur zwischen verwandten Arten stattfinden. Darüber hinaus werden schädliche Gene zusammen mit guten Genen an die Hybridart weitergegeben und können sogar dominieren. Um unerwünschte Gene auszuschließen und erwünschte beizubehalten, sind Generationen selektiver Züchtung notwendig, und erst nach vielen Jahren kann dann eine Art mit allen gewünschten Eigenschaften erzeugt werden. Derselbe Vorgang findet auch ohne menschliche Eingriffe in der Natur statt, ein Beweis dafür, dass genetische Veränderungen per se nichts Unnatürliches sind.

In jüngerer Zeit wurde die Genmutation als Alternative zur Fremdbestäubung entwickelt. Bei dieser Methode werden Pflanzen mit Strahlung oder giftigen Chemikalien bombardiert, um Mutationen zu erhalten, von denen dann einige die erwünschten Eigenschaften haben können. Zwar ist diese Methode wesentlich schneller als die Fremdbestäubung, aber es gibt kein Mittel, um die Art der stattfindenden Mutation zu kontrollieren, und die Erfolgsrate ist sehr gering. Die Wissenschaftler haben schon Glück, wenn sich eine brauchbare Mutation unter 10.000 oder gar mehreren Millionen befindet.

Deshalb begannen Wissenschaftler, die sich mit genetischen Veränderungen befassten, nach einer schnelleren, genaueren Alternative zu suchen. Mit dem Aufkommen der Biotechnologie in den 70er Jahren trug ihre Arbeit schließlich Früchte. Diese Technologie verkürzte enorm die Zeit bis zur Erzeugung neuer Stämme und machte es überflüssig, verwandte Arten dafür zu verwenden. Nun war es möglich, jede Art von Saaten genetisch zu verändern. Mit der Möglichkeit, Gene zu manipulieren, kamen aber zugleich Befürchtungen auf, wir könnten Ungeheuer wie die Chimäre erzeugen, ein Geschöpf aus der griechischen Mythologie mit dem Kopf eines Löwen, dem Körper einer Ziege und dem Schwanz einer Schlange.

Es stimmt, dass wir mit der Biotechnologie in der Lage sind, menschliche Gene auf Mäuse zu übertragen. Auch ist es technisch möglich, pflanzliche und menschliche Zellen zu verschmelzen. Das bedeutet aber nicht, dass aus diesen Zellen Mensch-Pflanzen-Hybriden oder Mensch-Maus-Hybriden entstehen würden. Selbst wenn menschliche und pflanzliche Zellen miteinander kombiniert werden, verschwinden die Gene des einen oder anderen im Laufe der Zellteilung. Die Natur unterliegt strikten Gesetzen. Egal welche Fortschritte die Biotechnologie noch machen wird, es wird trotzdem unmöglich sein, diese grundlegenden Gesetze zu brechen.

Aber warum sollten wir überhaupt versuchen, Gene zu übertragen? Wie ich in Kapitel 5 erklärte, kann die genetische Übertragung helfen, Ursachen und mögliche Heilungsmittel für Krankheiten wie Krebs oder Diabetes zu finden und ermöglicht uns, in großen Mengen Substanzen herzustellen, die bei der Behandlung dieser Krankheiten erfolgreich sind. Die Biotechnologie ist als wissenschaftliche Revolution begrüßt worden, die auf zahlreichen Gebieten zum Einsatz kommen kann, etwa in der Landwirtschaft, Viehzucht, Medizin, Medikamentenherstellung und bei der Energie.

Genetische Veränderungen verstoßen nicht gegen die Gesetze der Natur, und sie machen auch nicht das Unmögliche möglich. Vielmehr machen sie möglich, was bisher höchst unwahrscheinlich war. Trotzdem muss man hier zur Vorsicht mahnen. Genau wie gesundes Essen im Übermaß schädlich sein kann, hat auch diese Technologie ihre Risiken. Was sie in Zukunft für uns bereithält, hängt davon ab, wie wir sie nutzen. Gleichzeitig hat sie ganz klar das enorme Potenzial, Krankheiten heilen zu helfen und zu weiteren Entwicklungen in der Biologie und der Medizin beizutragen.

Wie sollen wir uns in Anbetracht dessen in Harmonie mit den Naturgesetzen weiterentwickeln und unser Bestes für die Menschheit tun? In diesem Kapitel möchte ich Ihnen meine Gedanken zu dieser Frage ein wenig näherbringen.

Das Gefühl der Präsenz von "Etwas Großem"

Bei meinen Forschungen über genetische Informationen überkommt mich oft ein Gefühl der Ehrfurcht und des Erstaunens. Ich frage mich dann, wer einen so ausgezeichneten Lebensentwurf geschrieben haben kann, und wie. Informationen mit einer so komplexen und umfassenden Bedeutung können unmöglich rein zufällig entstanden sein. Deshalb bin ich gezwungen, ihn als Wunder zu betrachten, das die menschliche Intelligenz oder das menschliche Begriffsvermögen bei weitem übersteigt. Das wiederum bringt mich zu dem Schluss, dass etwas Größeres existieren muss. Seit mehr als einem Jahrzehnt nenne ich das "Etwas Großes".

Einmal verbrachte ich mehrere Tage im selben Hotel wie Russell L. Schweickart, und wir hatten viele Gelegenheiten, miteinander zu sprechen. Der amerikanische Astronaut, der Mitglied der Mannschaft von Apollo 9 war, erzählte mir von seinen Erfahrungen im Weltraum. Besonders eine seiner Aussagen beeindruckte mich, die im Wesentlichen lautete: "Die Erde ist vom Weltraum aus gesehen nicht nur wunderschön, sie scheint sogar zu leben. Als ich auf sie hinunterblickte, fühlte ich mich mit diesem Leben verbunden; ich fühlte, dass ich der Erde meine Existenz verdanke. Das war eine so bewegende Erfahrung, dass ich sie mit Worten gar nicht ausdrücken kann."

Obwohl wir intellektuell wohl wissen, dass die Erde lebt, ist das etwas, was wir normalerweise nicht in unserem Alltag registrieren. Schweickart wurde von dieser Erkenntnis getroffen, als er die Erde aus der makrokosmischen Perspektive des Weltraums betrachtete. Gleichermaßen werde ich von derselben Ehrfurcht und demselben Erstaunen inspiriert, wenn ich mir den Mikrokosmos anschaue, die Welt, die in unseren Genen enthalten ist.

Je mehr ich über Gene lerne, desto mehr bin ich gezwungen, ihre Großartigkeit anzuerkennen. Unsere Gene, die im Kern von Zellen liegen, die so klein sind, dass sie unsichtbar sind, enthalten drei Milliarden Kombinationen aus vier chemischen Buchstaben, die perfekte Paare bilden – A mit T und C mit G. Diese enorme Informationsmenge erhält uns am Leben – und nicht nur uns, sondern jeden lebenden Organismus auf der Erde, von Mikroorganismen über Pflanzen und Tiere bis hin zum Menschen. Auf diesem Planeten leben schätzungsweise zwei Millionen bis 200 Millionen Arten, die ihr Leben alle demselben Gencode verdanken. Ich finde das absolut unglaublich, doch es ist eine unbestrittene Tatsache. Für mich ist das Beweis genug für die Existenz von "Etwas Großem", wie ich es nenne.

Nach seiner Rückkehr aus dem Weltraum fühlte Schweickart sich veranlasst, die Welt zu bereisen und so vielen Menschen wie möglich die tiefen Gefühle zu vermitteln, die er erlebt hatte. Auch ich werde von diesem Gefühl inspiriert. Wir können nicht mit Genauigkeit festlegen, was dieses "Große" ist. Einige bezeichnen es als die Macht der Natur; andere nennen es Gott oder Buddha. Es steht uns frei, es so zu beschreiben, wie wir möchten. Aber wir dürfen niemals vergessen, dass wir dem Wirken dieser geheimnisvollen Kraft unser Leben verdanken.

Egal wie entschlossen wir sind zu leben – wenn unsere Gene aufhören zu arbeiten, können wir nicht eine Sekunde überleben. Die menschliche Lebenserwartung von fast 100 Jahren ist ein unermesslich großes Geschenk von Mutter Natur. Wenn jemand Ihnen eine Million Dollar geben würde, wären Sie wahrscheinlich außer sich vor Freude. Vielleicht wären Sie ein bisschen besorgt wegen der Steuern, aber glücklich wären Sie dennoch. Doch verglichen mit dem Geschenk des Lebens sind eine Million Dollar überhaupt nichts.

Wir bringen unseren Kindern bei, ihren Eltern dankbar zu sein, die sie gezeugt haben und aufziehen. Ich glaube, die meisten Menschen akzeptieren diese Logik und sind dankbar. Aber da unsere Eltern ebenfalls Eltern hatten, die wiederum Eltern hatten, scheint es mir nur logisch zu sein, dass wir, wenn wir diese Dankbarkeit durch die vergangenen

Generationen hindurchtragen, am Ende beim Vater allen Lebens selbst ankommen. Dankbarkeit gegenüber unseren Eltern sollte ganz natürlich zur Dankbarkeit gegenüber jenen führen, die uns vorangegangen sind, und damit zum Ursprung des Lebens. Wir können sie nicht sehen, aber die Kontinuität des Lebens zeigt, dass eine solche Wesenheit existiert. Meine Arbeit in der Genforschung hat mich allmählich erkennen lassen, wie wichtig es ist, unseren Blick fest darauf zu richten, dass wir dieser Existenz, die unsere eigene übersteigt, unser Leben verdanken.

Haben Gene eine Seele?

Mein Lebenswerk als Genwissenschaftler hat mich zu bestimmten Überzeugungen darüber geführt, was mit uns geschieht, nachdem wir gestorben sind. Das Leben besitzt Kontinuität. Die Gene der Eltern werden an das Kind weitergegeben, die des Kindes an das Enkelkind, und so setzt sich das Leben immer weiter fort. Aber nur die Kontinuität der Gene, nicht die des Lebens, kann als gesichert angesehen werden. Gene sind nicht mit dem Leben gleichzusetzen. Sie sind nur der Entwurf, das Konzept, und nicht die Realität. Wenn das Leben nicht in unseren Genen zu finden ist, wo und was ist es dann? Wir wissen es nicht. Ich bin mir sicher, dass wir es besser verstehen werden, sobald wir einmal die Bedeutung des entschlüsselten menschlichen Genoms erfasst haben, aber ich denke, dass es uns weiterhin nicht gelingen wird, das Wesen des Lebens genau zu definieren.

Viele Menschen glauben, dass wir nach dem Tod wiedergeboren werden. Sie glauben, dass das Individuum eine Seele hat, die sich in der physischen Welt manifestiert, wenn sie im Körper wohnt. Die Reinkarnation verweist auf die Kontinuität dieser Seele. Die Seele kann zwar nicht definiert werden, ist aber nach diesem Konzept ewig, und wenn demnach der Körper dahinscheidet, verlässt die Seele den Körper und erscheint wieder in einem anderen.

Ich weiß nicht, ob das wahr ist oder nicht, aber was ich sicher weiß, ist, dass solche Dinge nicht mit der Genetik erklärt werden können. Gene sind stofflich, und es ist unmöglich, die Seele in stofflichen Begriffen zu beschreiben. Aber nur weil wir es nicht erklären können, bedeutet es nicht, dass es nicht existiert. So wie ich es sehe, ist die Seele etwas, dessen ich mir nicht bewusst sein kann. Im Allgemeinen ist das, wessen ich mir bewusst bin, der "Geist", nicht die Seele. Der Geist empfindet Glück, Traurigkeit und Ärger, aber wenn der Körper stirbt, kann er nicht weiter existieren. Da der Geist der bewussten Welt angehört, ist er untrennbar mit dem Körper verbunden und muss deshalb mit ihm dahinscheiden. Auf der anderen Seite liegt die unbewusste Welt jenseits des menschlichen Bewusstseins. Die Seele ist mit diesem Reich verbunden und somit auch mit der Welt von "Etwas Großem". Daher bin ich mir, obwohl meine Seele existiert, ihrer gewöhnlich nicht bewusst. Aus diesem Grund ist die Welt des Göttlichen schon immer unmöglich mit Verstand und Bewusstsein allein begreifbar gewesen.

In seinem Buch *Was die Seele wirklich ist: Die naturwissenschaftliche Erforschung des Bewusstseins* (Rowohlt, 1997) kommt Francis Crick, der gemeinsam mit James Watson die Helixstruktur der DNA vorschlug, zu dem Schluss, dass Gene keine Seele haben. Gene übertragen die physische Kontinuität des Menschen, aber die Seele scheint einer anderen Dimension anzugehören. Selbst wenn wir jedes einzelne Gen entschlüsseln, werden wir die Seele dennoch nicht verstehen. Es ist ein Bereich, der uns, was vielleicht auch ganz angebracht ist, immer ein göttliches Rätsel bleiben wird.

Was uns auf unserer Suche nach Erklärungen immer wieder in die Quere kommt, ist unsere Neigung, die Konzepte Geist und Seele durcheinanderzubringen. Wenn man deutlich zwischen beiden unterscheidet - davon ausgeht, dass der Geist dem Körper und die Seele "Etwas Großem" angehört -, ist es einfacher, die Frage von Leben und Tod zu durchschauen. Die Seele als Ursprung unserer Existenz ist essenziell, aber so lange wir in der physischen Welt leben, sind dies auch Geist und Körper, ohne die wir in dieser Welt nicht existieren könnten. Wenn wir begreifen, dass sowohl Geist als auch Seele eng mit dem genetischen

Lebensentwurf im Zusammenhang stehen, kann uns das helfen, den besten Weg zu finden, mit unseren Genen zu interagieren und unserem Potenzial gerecht zu werden.

Wir sind viel wunderbarer, als wir denken

Die Zusammensetzung unseres Körpers ist vortrefflich. Jeder Einzelne von uns hat wesentlich mehr Fähigkeiten, als er sich je träumen lassen würde, aber dass nur wenige Menschen das erkennen, ist gar nicht einmal so verwunderlich. Der moderne wissenschaftliche Fortschritt hat uns ein intellektuelles Verständnis der erstaunlichen Struktur des Körpers gegeben, aber es fällt uns immer noch schwer, die wahre Bedeutung davon in unserem Alltag zu erkennen. Schweickart wurde davon zum ersten Mal erfasst, als er aus dem Weltraum auf die Erde blickte. Auch ich fange gerade erst an, durch meine Arbeit mit Genen einen Schimmer davon zu erhaschen. Aber da die meisten von uns nie die Gelegenheit haben, der mikrokosmischen oder makrokosmischen Realität zu begegnen, ist es nur natürlich, dass es uns schwerfällt, die Bedeutung wirklich zu erfassen. Nicht jeder kann durch den Weltraum reisen, und genauso wenig kann ich Ihnen Ihre Gene zeigen. Lassen Sie mich Ihnen stattdessen noch eine Geschichte erzählen, die beweist, dass wir viel wunderbarer sind, als wir glauben.

Haben Sie schon einmal von einer einzelnen Tomatenpflanze gehört, die 12.000 Tomaten produziert? Solche Pflanzen wurden 1985 auf der Tsukuba Science and Technology Expo ausgestellt. Die meisten Menschen gingen davon aus, sie seien ein Produkt der Biotechnologie, aber tatsächlich waren sie aus den Samen einer gewöhnlichen Tomatenart gezüchtet worden, die normalerweise nur 20 oder 30 Tomaten trägt. Wenn nicht die Biotechnologie, was war dann ihr Geheimnis? Die Pflanzen waren mit der hydroponischen Methode gezüchtet worden, mit Sonnenlicht und Wasser, das mit Nährstoffen angereichert war. Der einzige Unterschied war, dass die Pflanzen in Wasser statt in Erde gezogen worden waren.

Normalerweise gehört Erde zur Pflanzenzüchtung dazu. Pflanzen schikken ihre Wurzeln in den Boden, um so die Nährstoffe und die Feuchtigkeit aufzunehmen, die sie für ihr Wachstum brauchen. Natürlich benötigen sie auch Sonnenlicht und Luft, aber die Erde ist immer als eine der wichtigsten Züchtungsbedingungen betrachtet worden. Der Agrarwissenschaftler Shigeo Nozawa aber war vom Gegenteil überzeugt. Er ging davon aus, dass die angeborene Wachstumsfähigkeit einer Pflanze dadurch gehemmt wird, dass ihre Wurzeln in der Erde wachsen, deshalb züchtete er Pflanzen in Wasser, befreite die Wurzeln so aus ihrer Gefangenschaft und ermöglichte ihnen, die Gaben der Natur frei aufzunehmen. Durch diese hydroponische Methode entstanden Tomatenpflanzen, die 1.000-mal mehr Früchte trugen als konventionelle Pflanzen. Nozawa war fähig, das Leben aus dem Blickwinkel einer Tomatenpflanze zu betrachten. Hieraus wird ersichtlich, dass selbst Tomaten ein Potenzial haben, das weit über unsere Vorstellungskraft hinausgeht. Wenn Nozawas Philosophie Pflanzen half, ihr Potenzial zu verwirklichen, was würde passieren, wenn wir diese Philosophie auf Menschen anwenden würden?

Obwohl wir ja durchaus bestrebt sind, unser Potenzial zu entfalten, bleiben wir gefangen in dem, was wir als unsere Grenzen betrachten. Wenn uns Eltern oder Lehrer sagen: "Könntest du nicht bessere Noten schreiben?", antworten wir wahrscheinlich: "Besser kann ich es nicht." Diese von uns wahrgenommenen Grenzen basieren fast immer auf dem Vergleich mit anderen, eine äußerst begrenzte Perspektive. Trotzdem sind wir überzeugt, dass es diese Grenzen gibt, und wir betrachten unsere eigene Erfahrung und unser Wissen als absolut. Das ist eine sehr engstirnige Sichtweise.

Wie er auf die Idee kam, Riesentomaten zu züchten, erklärte Nozawa so: "Die Pflanzen, die wir sehen, drücken als Reaktion auf bestimmte Bedingungen nur ein begrenztes Potenzial aus. Ich begann zu untersuchen, welche Bedingungen sie daran hinderten, ihr größeres Potenzial zu verwirklichen. Ich kam zu dem Schluss, dass eines dieser Hindernisse die Erde war." Der gängigen Meinung nach ist Erde zum Wachstum von Pflanzen unerlässlich, aber Nozawa stellte diese Vorstellung auf den Kopf. Die Pflanzen schicken zwar Wurzeln aus, aber die Erde ist ihnen dabei nur im Weg. Im natürlichen Boden ändert sich der Wassergehalt häufig. Hinzu kommt, dass die Erde die Versorgung mit Enzymen behindert und die Pflanzen allen Temperaturschwankungen direkt ausgesetzt sind. Physiologische Veränderungen sind das Ergebnis chemischer Reaktionen, und Hindernisse wie die Erde stören diesen Prozess nur. Nozawa schloss daraus, dass sich, wenn diese Einschränkungen beseitigt würden, die Effizienz der Photosynthese verbessern und das Wachstum der Pflanzen beschleunigen würde. Seine Theorie wurde durch eine 1.000-fache Vermehrung der Früchte seiner Tomatenpflanzen bestätigt.

Mit dem Menschen verhält es sich genauso. Wenn wir alle Hindernisse beseitigen und für eine geeignete Umgebung sorgen, ist unser Entwicklungspotenzial grenzenlos. Wenn Tomaten einen 1.000-fachen Anstieg ihres Potenzials erreichen können, dann wäre es nicht unrealistisch, einen sogar noch stärkeren Anstieg der Fähigkeiten von Menschen zu erwarten, die wesentlich komplexere Organismen sind. Ich nahm meine Studenten und stellte sie neben Nozawas Riesentomatenpflanzen. "Wenn Tomaten das können", sagte ich ihnen, "dann haben Sie ein noch viel größeres Potenzial."

Nozawa behauptete, die Erde hemme das Wachstum der Pflanzen. Welche Faktoren sind es, die die Entfaltung des menschlichen Potenzials hemmen? Einer, der vielen Menschen direkt in den Sinn kommen würde, ist die Zügellosigkeit. Jeder weiß, dass Alkohol, Glücksspiele und sexuelle Unsittlichkeit nicht gut für uns sind. Aber so einfach ist die Sache nicht. Moderate Mengen einiger alkoholischer Getränke können gut für die Gesundheit sein, und Glücksspiele können in einige Fällen helfen, sich von Stress zu befreien. Wenn Sex das Vergnügen ist, das wir wollen, dann sind es Untreue, Promiskuität und Prostitution, die schädlich sind, und nicht das sexuelle Verlangen an sich.

Noch viel mehr als Zügellosigkeit ist der Hauptfaktor, der das menschliche Potenzial hemmt, unsere Denkweise. Welche Denkweise ist schädlich? Negatives Denken, das gegen die Naturgesetze verstößt. Da die Menschen sehr unterschiedliche Wertesysteme haben, existiert kein einheitlicher Standard für Recht und Unrecht. Einige betrachten eine Handlung oder ein Ereignis als gut, andere als schlecht. Diese Diskrepanz zeigt sich häufig im Alltag. Deshalb fällt die Definition der "richtigen Lebensweise" von einem Menschen zum anderen unterschiedlich aus, und wenn man anfängt, darüber zu diskutieren, gibt es am Ende nur noch mehr Verwirrung.

Eine unveränderliche Tatsache bleibt bestehen: unsere Gene und ihre Funktionsweise. Wenn sie sich in Harmonie mit den Naturgesetzen befinden, arbeiten sie daran, das Leben zu schützen und zu hegen und es zu genießen. Deshalb finde ich, dass wir uns die Natur genauer anschauen müssen und anstreben müssen, in Harmonie mit ihren Gesetzen zu leben. Wenn uns das gelingt, dann glaube ich, dass wir – wie die Tomatenpflanzen – in der Lage sein werden, das unglaubliche Potenzial anzuzapfen, das in uns steckt.

Leben in Harmonie

Es ist einfach zu sagen, wir sollten in Harmonie mit den Naturgesetzen leben, wenn wir noch nicht einmal alle davon kennen. Zudem können unsere Auffassungen darüber, was ein Leben in Harmonie bedeutet, durchaus voreingenommen sein und sicherlich von einem Menschen zum anderen weit auseinandergehen. Früher bekamen wir von der Religion gesagt, wie wir leben sollten, heute haben sich viele Menschen von der Religion entfremdet und setzen ihren Glauben stattdessen in die Wissenschaft.

Die Wissenschaft hat im letzten Jahrhundert bemerkenswerte Fortschritte gemacht, und die Medizin scheint viele Krankheiten besiegt zu haben, aber Krebs ist noch immer nicht heilbar, und wir kennen auch immer noch nicht genau die Ursache für Bluthochdruck. Beim Bluthochdruck haben wir zwar definitiv Fortschritte gemacht, aber obwohl wir den Blutdruck senken können, können wir den Bluthochdruck an sich immer noch nicht heilen, weil wir nur einen sehr kleinen Teil des Mechanismus kennen, durch den er verursacht wird. Das komplette Bild blieb uns bisher verborgen. Ebenso wurden auch die Mechanismen, durch die die meisten Zivilisationskrankheiten verursacht werden, noch nicht durchschaut. Daher können wir nicht behaupten, dass die moderne Medizin wirkungsvoll Krankheiten heilt.

Es steht jedem frei, seinen Glauben in die Wissenschaft zu setzen, aber ich glaube nicht, dass die Wissenschaft allein alles lösen kann. Gleichzeitig wird die Kluft zwischen Religion und Wissenschaft immer größer, und der moderne Mensch, der an die wissenschaftliche Denkweise gewöhnt ist, ist nicht mehr von religiösen Grundsätzen überzeugt. Ich persönlich meine, dass Wissenschaft und Religion aus derselben Quelle stammen, und deshalb suche ich einen Weg, um sie miteinander zu versöhnen. In unserem Zeitalter ist es nicht mehr möglich, eine Religion zu akzeptieren, die durch die Traditionen einer vergangenen Ära belastet ist, aber wir können auch nicht allen Glauben in die Wissenschaft setzen.

Was also können wir tun? Ich habe drei Vorschläge, die sich in meinem eigenen Leben als hilfreich erwiesen haben. Sie lauten: 1. edle Absichten hegen, 2. mit einer Einstellung der Dankbarkeit leben und 3. positiv denken.

Hegen Sie stets edle Absichten

Mein erster Vorschlag, edle Absichten zu hegen, hatte tief greifende Auswirkungen auf mein Leben. Wie ich bereits erzählte, hatte ich bei meinen Untersuchungen von Renin mehrmals das Glück, als Erster zu bestimmten Ergebnissen zu kommen. Die Forschungsgegenstände, für die mein Team und ich uns entschieden, schienen anfangs allerdings ein Ding der Unmöglichkeit zu sein. Warum ließ ich mich auf Themen ein, von denen der gesunde Menschenverstand einem klar abriet? Anfangs war ich von meinem Stolz als Wissenschaftler getrieben, von meinen Ambitionen und dem Wunsch, mich selbst weiterzuentwickeln, aber das änderte sich allmählich, als ich begann, Gene genauer zu untersuchen, und mir der

Existenz von "Etwas Großem" bewusst wurde. Ja, es war spannend, mit den Top-Wissenschaftlern der Welt zu konkurrieren, aber meine Entscheidungen traf ich auch aus meiner wachsenden Überzeugung heraus, dass es "Etwas Großem" gefallen würde, wenn ich edle Absichten verfolgte.

Wie ich bereits sagte, handelt es sich dabei nicht um eine Wesenheit, die ich rational verstehen kann. Aber wenn ich das lange Kontinuum des Lebens nachverfolge, das von vergangenen Generationen durch unsere Gene an uns weitergegeben wurde, lässt mich das zu dem Schluss kommen, dass es ursprünglich einen einzigen Vater gegeben haben muss. Auch wenn ich sicherlich nicht das gescheiteste Kind bin, wird dieser Vater erfreut sein über meine Bemühungen, anderen zu Diensten zu sein, wie klein mein Beitrag auch sein mag. Als ich anfing, diesem Glauben entsprechend zu handeln, begannen Ereignisse in mein Leben zu treten, die mich davon überzeugten, dass meine Absichten anerkannt wurden. Die Ergebnisse unserer Bemühungen begannen auf eine Weise Früchte zu tragen, die mich spüren ließ, dass "Etwas Großes" über uns wachte. Auf Grund meiner Erfahrungen in der Genforschung kam ich zu der Erkenntnis, dass wir, wenn wir lernen können, mit eingeschalteten Genen zu leben, ein Potenzial anzapfen können, das weit über das Gewöhnliche hinausgeht.

Leben Sie mit einer dankbaren Einstellung

Mein zweiter Vorschlag lautet, mit einer dankbaren Einstellung zu leben. Das Leben ist voller Höhen und Tiefen. Manchmal scheint es ein Ding der Unmöglichkeit zu sein, dann auch noch edle Absichten zu haben. Was können wir tun, um auch in solchen Zeiten enthusiastisch zu bleiben? Mir hilft es, daran zu denken, dass wir nicht aus eigener Kraft und eigenem Einfallsreichtum heraus leben, sondern vielmehr durch das unbezahlbare Geschenk, das uns von der Natur gegeben wurde.

Meine Genforschungen haben mir gezeigt, dass unsere Existenz selbst ein fantastisches Wunder ist. Das wird mir besonders deutlich, wenn ich die Beziehung zwischen der einzelnen Zelle und dem Organismus als Ganzes betrachte. Wir bestehen aus 60 Billionen Zellen, die auf Grund einer äußerst differenzierten Ordnung Organe, Gewebe und andere Körperteile bilden. Sehen Sie sich einmal eine Leberzelle an. Es sind nur diejenigen Gene eingeschaltet, die notwendig sind, damit sie als individuelle Zelle funktioniert, gleichzeitig aber bildet sie einen Teil der Leber. Das ist vergleichbar mit einem Angestellten, der in einer Firma arbeitet. Der Angestellte übt eine bestimmte Tätigkeit für die Firma aus, aber gleichzeitig ist er ihr nicht untergeordnet. Der Angestellte führt ein eigenes Leben. Mit einer Zelle verhält es sich genauso. Einerseits arbeitet sie als Leberzelle, andererseits hat sie ihre eigene Individualität und lebt autonom und selektiv innerhalb des Organismus.

Sehen wir uns diese Beziehung einmal aus der Perspektive der Niere an. Die Niere spielt eine wichtige Rolle bei der Regulierung von Flüssigkeiten und Salz. Beim Erwachsenen wälzt sie täglich 150 Liter Blut aus der Hauptarterie um. Je näher die Blutgefäße dem Mittelpunkt der Niere sind, desto dünner werden sie. Ein Blutfilterungsmechanismus an der Spitze jedes Blutgefäßes filtert Abfallstoffe wie Urin aus und absorbiert notwendige Stoffe. Das Enzym Renin, das ich erforscht habe, ist in bestimmten Nierenzellen vorhanden. Obwohl sie ein unabhängiges Organ ist, besteht die Niere also aus individuellen Zellen mit unterschiedlichen Aufgaben, darunter Blutgefäße von unterschiedlicher Größe sowie Filterungsmechanismen, und diese bilden gemeinsam die Niere und arbeiten zusammen, um eine grundlegende Funktion im menschlichen Körper zu erfüllen. Wenn wir uns die individuellen Zellen ansehen, aus denen sie besteht, sehen wir, dass jede Zelle, während sie gewissenhaft ihre Aufgaben für die Niere erfüllt, gleichzeitig auch effizient und unabhängig Funktionen wie Zellpflege und -reparatur ausübt, die einzig mit der individuellen Zelle zu tun haben. Wenn die Zellen in einem Blutgefäß zum Beispiel nicht alle autonom arbeiten würden, dann könnte die gitterartige Struktur des Blutgefäßes nicht ständig repariert werden. Wenn sich aber Zellen zusammentun, um ein Blutgefäß zu bilden, stimmen sie die Geschwindigkeit der Zellteilung und ihre Form auf die anderer Zellen ab. Während die Zelle nur einen Teil bildet, wird sie mit den Eigenschaften des Ganzen versehen. Und das gilt nicht nur für die Beziehung zwischen Zelle und Niere, sondern auch für die zwischen Mensch und Gesellschaft, Mensch und Erde oder Mensch und Universum. Wir alle sind ein Teil des Universums. Wir leben innerhalb der Ordnung der Natur auf diesem Planeten, doch gleichzeitig nehmen wir an der Erschaffung dieser Ordnung teil. Wir nehmen vollständig daran teil, nur, indem wir leben.

Die moderne Gesellschaft wird von Darwins Evolutionstheorie beherrscht. Nach dieser Theorie entwickelten wir uns durch natürliche Selektion und Mutation, und nur die Besten überlebten. Das Überleben der Besten wird als Naturgesetz aufgefasst, ein Gesetz, nach dem nur die Sieger das Leben genießen können. Das Leben wird als ständiger Wettbewerb gesehen, und wo es Wettbewerb gibt, gibt es immer Gewinner und Verlierer. Das bedeutet, dass schätzungsweise die Hälfte der Menschheit Gewinner und die andere Hälfte unvermeidlich Verlierer sein wird und ausgesondert werden sollte.

In den 60er Jahren schlug der Biologe Lynn Margulis von der Boston-Universität eine andere Evolutionstheorie vor. Sie ist als Endosymbiotische Theorie bekannt und basiert auf der Annahme, dass das Leben sich durch gegenseitige Kooperation und nicht durch das Überleben der Besten entwickelte. Diese Theorie erklärt den Evolutionsprozess detailliert von den ersten Lebewesen an, einzelligen Organismen ohne Zellkern wie etwa *E. coli*-Bakterien. Die Vereinigung mehrerer einfacher Zellen oder Zellteile, die zusammenarbeiteten, um eine neue Zellart zu erschaffen, führte zur Evolution der nächsten Stufe – zu Zellen mit einem Zellkern.

Obwohl sich diese Theorie auf die Zellebene konzentriert, gibt es eine interessante Parallele auf der menschlichen Ebene. Der vorherrschenden Darwinschen Ansicht zufolge entwickelte sich die Menschheit durch mehrere Evolutionsstufen hindurch vom Affen zum primitiven Menschen, indem sie dem "Gesetz des Dschungels" folgte. Aber einem Archäologen zufolge, der 150 Millionen Jahre alte Überreste menschenähnlicher Affen untersuchte, die am Turkana-See in Kenia gefunden wurden, existieren Beweise dafür, dass die Affen Nahrung unter sich aufteilten und einander halfen, und nicht dafür, dass die Starken die Schwachen unterdrückten oder Konflikte zwischen ihnen herrschten. Wenn wir Darwins Theorie Glauben schenken sollen, entwickelten wir uns durch einen Konfliktprozess. Neuere Theorien allerdings sagen, dass symbiotische Kooperation viel eher in Frage kommt. Und auch Forschungen über die Funktionsweise der Gene weisen darauf hin, dass diese Theorien den Naturgesetzen eher gerecht werden.

Wenn ich mir das Leben vor diesem Hintergrund ansehe, finde ich es nur natürlich, "Etwas Großem" für seine Freigebigkeit zu danken, dass ich lebe. Jeder Mensch wird allein dadurch, dass er geboren wird, zum Teilnehmer am Leben. Es liegt einfach schon ein Wert darin, hier zu sein, egal, was daraus wird. Ich persönlich glaube, das ist etwas, wofür man dankbar sein kann. Einige sind da vielleicht anderer Meinung, aber das Leben kann mit dieser Einstellung wesentlich mehr Spaß machen. In Dankbarkeit zu leben heißt, dankbar dafür zu sein, dass man existiert. Mit dieser Einstellung können wir jeden Tag begrüßen und genießen, ungeachtet dessen, ob an diesem Tag irgendetwas Besonderes geschieht oder nicht.

Hegen Sie stets positive Gedanken

Mein dritter Vorschlag – meiner Überzeugung nach der wichtigste – ist, positiv zu denken. Das Leben verläuft nicht immer nach unseren Wünschen. Wir werden krank, machen Fehler oder uns wird das Herz gebrochen. In meinem Fall erleide ich häufig Rückschläge, zum Beispiel, in der Forschung abgehängt zu werden, und oft gerate ich in Situationen, die unüberwindbar scheinen. Doch egal, wie schlimm eine Situation auch aussehen mag – es ist wichtig, sie in positivem statt in negativem Licht zu sehen. Tatsächlich brauchen wir gerade in schwierigen Zeiten, wenn alles schief zu laufen scheint, eine positive Sichtweise. Es bedeutet, die Fähigkeit zu entwickeln, selbst in der schrecklichsten Not noch einen Sinn zu erkennen, das, was uns passiert, als Botschaft oder als Geschenk zu betrachten. Wenn Sie meinen, das ginge nicht, denken Sie einfach daran, dass "Etwas Großes", der Vater aller Väter, uns niemals Leid zufügen würde – weil wir seine Kinder sind. Das bedeutet nicht, dass wir deshalb vor Tragödien gefeit sind, sondern vielmehr, dass wir nach der Lektion oder nach der Güte Ausschau halten sollten, die sich in einem unglücklichen Ereignis verbirgt. Diese Einstellung kann uns helfen, alles zu akzeptieren, was uns begegnet, und Krisen als Chance zu sehen. Ich mache diesen Vorschlag auf der Grundlage von Tatsachen. Wie schon erklärt kann positives Denken unsere Gene einschalten, die wiederum Gehirn und Körper dazu anregen, nutzbringende Hormone zu produzieren. Aus eigener Erfahrung bin ich mir sicher, dass dem so ist.

Alles hat zwei Seiten: Vorder- und Rückseite, Tag und Nacht, Stärke und Schwäche. Egal wie einseitig etwas zu sein scheint, egal wie endgültig es aussieht, es gibt immer Raum für Entscheidungen. Nehmen Sie zum Beispiel die Krankheit AIDS. Einige Menschen sind der fatalistischen Ansicht, AIDS sei eine Strafe Gottes für sexuelle Unsittlichkeit. Rückblickend existieren nur sehr wenige Zeiträume in der Menschheitsgeschichte, in denen es keine sexuelle Unsittlichkeit gab, und wenn es sie wirklich nicht gab, litten die Menschen gewöhnlich an wesentlich schlimmeren Katastrophen wie Hungersnöten oder Seuchen. Es waren dunkle Zeiten, in denen die Kultur stagnierte und die Menschen wie unter einer dunklen Wolke lebten. Wenn sexuelle Unsittlichkeit also kein Produkt des modernen Zeitalters ist, dann finde ich es ziemlich unlogisch, AIDS allein darauf zurückzuführen. Ich schlage stattdessen eine andere Sichtweise vor.

AIDS ist vollkommen anders als jede andere uns bekannte Krankheit. Das AIDS-Virus tötet den davon befallenen Menschen nicht direkt; vielmehr zerstört es den natürlichen Verteidigungsmechanismus des Körpers. Da es das Bollwerk des Immunsystems angreift und zerstört, zieht sich der Patient Krankheiten zu und stirbt daran, die andere nicht bekommen würden oder die normalerweise nicht tödlich sind.

Der menschliche Körper ist mit einem beeindruckenden Verteidigungssystem ausgestattet. Die Welt ist voller Bakterien; wir können sie zwar nicht sehen, aber wir werden ständig mit krankheitsübertragenden Keimen bombardiert. Sie dringen scharenweise in unseren Körper ein. Wenn einige davon im Körper überleben und sich bis zu einer bestimmten Anzahl vermehren, werden wir krank. Gewöhnlich greift aber unser Immunsystem ein und zerstört sie, bevor das passieren kann. Das System verfügt über ein erstaunliches Arsenal von Antikörpern, die Millionen von Keimen zerstören können, die den Körper gleichzeitig befallen.

Gewöhnlich bekämpfen Antikörper die Keime eins zu eins, was bedeutet, dass unser Körper genügend Antikörper hat, um jeden Keim einzeln anzugreifen und zu zerstören. All das könnte natürlich nie ohne unsere Gene bewerkstelligt werden. Jedes Gen verfügt über Instruktionen, Millionen von Keimen zu bekämpfen. Aber wie wissen sie, wie sie reagieren müssen, wenn nicht feststeht, welche Keimart in den Körper eindringen wird? Verfügen sie bereits über alle Informationen für jede Keimart? Über diese Frage haben Wissenschaftler in der Immunologie jahrelang gerätselt. Der in den Vereinigten Staaten arbeitende japanische Nobelpreisträger Susumu Tonegawa leistete einen bedeutenden Beitrag zu ihrer Lösung. Der Mechanismus funktioniert folgendermaßen: Genetische Informationen werden in Einzelteile zergliedert, die in jeder notwendigen Weise miteinander kombiniert werden können, um Antikörper herzustellen, die auf bestimmte Keime reagieren. Obwohl es nur begrenzt viele Komponenten gibt, können durch unterschiedliche Kombinationen Millionen von Antikörpern gebildet werden, um den Körper vor einer Invasion der meisten Keimarten zu schützen.

Erst durch AIDS erfuhren wir, welch ein wunderbares System uns vor Krankheiten schützt. Selbst angesichts einer Krankheit wie dieser sollten wir nicht die Hoffnung verlieren. Stattdessen sollten wir die positive Sichtweise einnehmen, dass sie geheilt werden kann. Tatsächlich gibt es viele Fälle, in denen die geistige Einstellung eines Patienten während der Behandlung den Ausbruch von AIDS beeinflusste. Positives Denken mag zwar schwierig erscheinen, aber negatives Denken könnte durchaus schädlich für Ihre Gene sein. Eine positive Einstellung ist der wichtigste Faktor zur Beeinflussung unserer Gene, egal wie negativ die Situation auch ist.

Gene sind mutig und beharrlich zugleich

Ja, alles hat zwei Seiten, und auch Gene haben zwei Seiten, die es ihnen ermöglichen, zwei wichtige, aber widersprüchliche Aufgaben zu erfüllen. Eine Aufgabe besteht darin, genetische Informationen exakt von den Eltern auf das Kind zu übertragen. Dazu müssen die genetischen Informationen stabil bleiben. So wie die goldenen Regeln, die ein Familienunternehmen erfolgreich durch mehrere Generationen bringen, müssen auch die genetischen Informationen, die an unsere Nachkommen weitergegeben werden, konstant sein. Die zweite Aufgabe ist die tägliche Pflege der Zelle als individueller Organismus. Die sie umgebende Außenwelt jedoch ist in ständigem Fluss. In der natürlichen Welt ist es unmöglich, sich an Veränderungen anzupassen, wenn der Organismus absolut unveränderlich bleibt. Deshalb gibt es Zeiten, in denen genetische Neukombinationen notwendig sein können.

Die Gene erfüllen diese beiden widersprüchlichen Rollen wunderbar dadurch, dass sie die Struktur einer Doppelhelix bilden. Einfach ausgedrückt entsteht durch diese Struktur eine beachtliche Menge an "vergeudetem" Platz in der DNA, durch den unsere Gene aber ganz einfach eine unveränderliche Stabilität aufrechterhalten und gleichzeitig drastische Veränderungen einleiten können, falls die Notwendigkeit dazu besteht. Unsere Gene vermögen geschickt den Ein-/Aus-Mechanismus einzusetzen, um nach Bedarf auf äußere Reize zu reagieren.

Mit dieser Fähigkeit erhalten wir von den Genen eine wertvolle Lektion: die Notwendigkeit, sowohl mutig als auch beharrlich zu sein. Mutig zu sein heißt, in der Lage zu sein, konventionelle Methoden und Bräuche zu durchbrechen, wenn es nötig ist. In meinem Fall waren bei der Erforschung von Renin unzählige Male mutige Entscheidungen von mir zu treffen. Als wir zum Beispiel den Gencode entschlüsselten, fasste ich den drastischen Entschluss, die Gentechnik zu Hilfe zu nehmen, die zu jener Zeit gerade erst aufkam, weil es auf der Hand lag, dass wir mit den gängigen Methoden keinen Erfolg haben würden. Die Technologie war in diesem Bereich fast noch nie eingesetzt worden, aber weil ich den Versuch wagte, waren wir die Ersten, die menschliches Renin entschlüsselten. Hätte ich gezögert, weil es noch keinen Präzedenzfall gab oder weil ich in dem Bereich ein Amateur war, dann hätten ich und die anderen Mitglieder der Gruppe eine wertvolle Gelegenheit verpasst, uns als Wissenschaftler weiterzuentwickeln. Mutige Schritte wie dieser ähneln dem, was auf Zellebene geschieht, wenn Gene sich als Reaktion auf Umweltveränderungen radikal neu kombinieren.

Was die Beharrlichkeit angeht, meine ich damit nicht, an gängigen Methoden festzuhalten und änderungsresistent zu sein, sondern vielmehr, den eigenen Herzenswunsch wahr zu machen. Ich zum Beispiel widme mich beharrlich der Erforschung von Renin. Den Gegenstand meiner Forschungen habe ich seit mehr als 20 Jahren nicht gewechselt. Allerdings habe ich die Ebene gewechselt, auf der ich es untersuche, von Molekülen über die Zelle bis hin zum Organismus. Dank dieser Beharrlichkeit konnte ich mutig die neueste Technologie von der Gentechnik bis zur Embryonaltechnik einsetzen. Außerdem habe ich beharrlich an meiner ursprünglichen Überzeugung festgehalten, dass unsere Forschungen wegen ihres nützlichen Beitrags einfach Erfolg haben mussten.

Auch die Gene sind beharrlich darin, genetische Informationen an die folgenden Generationen weiterzugeben. Das treibt sie an, die Zellen zu pflegen und zu vermehren, und das geht sogar so weit, dass ein Gen sich opfert, damit die Gesamtheit überlebt. Mit anderen Worten kann Beharrlichkeit tatsächlich zu Flexibilität führen und zu der Bereitschaft, Methoden zur Erreichung eines Ziels drastisch zu ändern.

Die Menschen neigen zu der Ansicht, sie müssten sich bei zwei Optionen entweder für die eine oder die andere entscheiden. Aber die Gene, der Entwurf des Lebens, sind so nicht beschaffen. Einige Abschnitte eines Gens, die als *Exone* bezeichnet werden, sind mit spezifischen Anweisungen verschlüsselt, während andere Abschnitte, *Introne* genannt, keinerlei verschlüsselte Anweisungen enthalten und scheinbar vergeudeter Platz sind. Aber genetische Informationen enthalten wesentlich mehr Introne als Exone. Statt also eine Option zu wählen und die andere abzulehnen, entscheidet sich die Natur für symbiotische Koexistenz. In derselben Weise sind sowohl Mut als auch Beharrlichkeit notwendig. Von dieser Eigenschaft unserer Gene können wir einiges lernen, was für die Gesellschaft und auch für unsere Lebensweise von Bedeutung ist.

Alles, was uns widerfährt, ist notwendig

Wir sprechen oft von Glück und Pech und fragen uns, ob das Glück auf unserer Seite ist. Und von Zufall oder Fügung reden wir auch immer wieder. Wir benutzen diese Begriffe, um das Unfassbare zu beschreiben – Dinge, die wir nicht kontrollieren können. Ich bin aber davon überzeugt, dass alles, was uns widerfährt, notwendig ist, Gutes und Schlechtes gleichermaßen, und diese Überzeugung basiert auf Erfahrungen, die bis in meine Kindheit zurückreichen.

Als ich ein Kind war, war Japan sehr arm, meine Familie ganz besonders. Meine Eltern konnten mir kein Spielzeug kaufen, und später in der Schule fehlte ihnen das Geld, um mir eine Klassenfahrt zu bezahlen. Mein Großvater war bereits viele Jahre zuvor gestorben, und meine Großmutter, die bei uns lebte, war das Familienoberhaupt. Sie pflegte zu sagen: "Unsere Ersparnisse sind im Himmel." Meine Mutter sagte das Gleiche: "Ich weiß, dass du traurig bist wegen der Klassenfahrt, aber mach dir keine Sorgen. Wir haben die Reise auf dem Himmelskonto hinterlegt. Ich bin mir sicher, dass du später die ganze Welt bereisen kannst." Sie versicherten mir, dass alles, was ich tat, um anderen zu helfen, 1000-fach zu mir zurückkehren würde und dass es keine Rolle spielte, ob das noch zu meinen Lebzeiten oder zu denen meiner Kinder oder Enkelkinder geschehen würde, weil mein Leben mit dem Leben der künftigen Generationen verbunden war. Da ich noch ein Kind war, stellte mich diese Erklärung nicht zufrieden, und ich wünschte mir oft, sie würden hier und jetzt ein paar Ersparnisse für mich auf die Seite legen, nicht nur im Himmel. Rückblickend stelle ich fest, dass die Worte meiner Mutter sich bewahrheiteten. Ich reiste zum Studium nach Amerika, als es für Japaner noch sehr schwierig war, ins Ausland zu gehen, und seither war ich viele Male drüben.

Mit der "Hinterlegung unserer Ersparnisse im Himmel" meinten meine Eltern, dass man Geld nicht nur für sich selbst ausgeben sollte, sondern auch für eine bessere Welt. Nicht immer bekommen wir die Ergebnisse unseres Handelns zu sehen. Um Gutes zu tun, müssen wir oft Opfer bringen. Den Teil, den wir geopfert haben, haben wir auf der Himmelsbank hinterlegt, und später erhalten wir selbst oder andere ihn als natürliche Folge davon wieder zurück. Das ist genauso, wie einen Baum zu pflanzen, der erst Früchte trägt, wenn man tot ist, aber man pflanzt ihn, weil man weiß, dass andere Generationen sich an ihm erfreuen werden, und die Freude, die in diesem Wissen liegt, ist der Lohn, zusammen mit den Früchten von Bäumen, die von den eigenen Vorfahren gepflanzt wurden und in deren Genuss man jetzt kommt. Oder denken Sie an einen Bauern, der seine Saaten aussät. Bauern bereiten das Land vor dem Winter auf die Frühlingssaaten vor, indem sie reichlich Dung ausbringen und die Erde pflügen. Wenn man eine reiche Ernte will, muss man etwas dafür tun, und wenn man es versäumt, wird man im nächsten Jahr keinen Ertrag haben. Mit dem Leben verhält es sich genauso. Egal wie schwierig es ist, Sie müssen die Erde erst vorbereiten, bevor Sie Ihre Saaten darauf aussäen.

Warum tat meine Großmutter das? Ich glaube, sie war vom Bewusstsein über "Etwas Großes" inspiriert und von der Überzeugung, dass man, wenn man stets bestrebt ist, das Richtige zu tun, vom Glück verwöhnt wird. Einige mögen das bezweifeln, ich jedoch nicht, weil ich selbst erlebt habe, dass es sich genauso verhält. Kein Ziel kann erreicht werden, ohne Zeit und manchmal scheinbar unbelohnte Bemühungen in die Vorbereitungen zu stecken. Wenn wir dabei den Mut verlieren, dann deshalb, weil es uns an Überzeugung mangelt. Umgekehrt werden wir, wenn wir unerschütterlichen Glauben in das Ergebnis haben, niemals aufgeben. Durchzuhalten ist das größte Geheimnis des Erfolgs. Doch Zuversicht zu haben ist nicht einfach. Wir meinen vielleicht, wir hätten sie, und dann geht sie uns irgendwann doch verloren. Um das zu verhindern, müssen wir unseren Blick nicht auf die unmittelbare Zukunft, sondern auf die größere Perspektive richten und daran glauben, dass nichts unmöglich ist. Um unerschütterlich zu glauben, müssen wir stolz darauf sein, was wir bisher erreicht haben.

Das Gleichgewicht der Naturgesetze erhalten

In einem früheren Abschnitt nannte ich die ertragsreiche Hyponica-Tomatenpflanze als Beweis für das enorme Potenzial, das latent in Pflanzen und ebenso im Menschen vorhanden ist. Allerdings wirft dieses Beispiel eine andere Frage auf: Warum tritt dieses Phänomen nicht bei Tomaten auf, die auf natürliche Weise wachsen? Ich persönlich denke, dass dies auf das Prinzip der "Selbstbeschränkung" zurückzuführen ist.

Für jede spezifische Umwelt hat die Natur eine angemessene Anzahl von Lebewesen vorgesehen. Wenn eine Tierart eine bestimmte Zahl übersteigt, beginnt die Population immer abzunehmen. Alle Lebewesen halten sich an diese angemessene Anzahl, um in dieser Umwelt zu überleben.

Dieses Phänomen findet man auch bei den Genen. Einigen Wissenschaftlern zufolge sind manche Gene egoistisch und verfolgen nur ihre eigenen Interessen, die bei einem Gen im Überleben und in der Vermehrung liegen, während andere altruistisch sind und Zellen zur Selbstaufopferung und zum Tod drängen. Wodurch wird dieser scheinbare Gegensatz zwischen Überleben und Tod verursacht? Auch hier ist es das Prinzip der Selbstbeschränkung. Würden die Gene sich immer weiter vermehren und niemals sterben, dann hätte das einen katastrophalen Anstieg zur Folge. Lebewesen müssen Nahrung aufnehmen, um zu überleben, aber wenn es zu viele von ihnen gibt, gibt es nicht genug Nahrung für alle. Und auch nicht genügend Platz, der für alle ausreichend wäre. Deshalb sind unsere Gene darauf programmiert, bei einer angemessenen Anzahl zu bleiben, und der Tod gehört ganz wesentlich dazu. Da Leben sterben muss, brauchen wir sowohl egoistische als auch altruistische Gene.

Das ist der Mechanismus, der das Gleichgewicht unseres gesamten Planeten aufrechterhält.

Im Gegensatz dazu lässt ein Blick auf das menschliche Verhalten die Annahme zu, dass wir im Lauf der Geschichte bis zum heutigen Zeitalter die Kunst der Selbstbeschränkung verlernt haben. Wir haben die Öl- und Gasreserven bis zur Neige erschöpft, Länder ohne Rücksicht auf ihre Ökosysteme ihrer Wälder beraubt und im Streben nach immer größeren Ernten giftige Agrochemikalien eingesetzt. Dieses Verhalten, das nur als menschliche Arroganz bezeichnet werden kann, tritt immer deutlicher zutage. Ich sagte, dass wir unerschütterliche Zuversicht brauchen, aber wenn wir nicht aufpassen, kann das zu Arroganz führen. Wenn diese Gefahr ihr Haupt erhebt, schlage ich vor, dass wir uns an die altruistische Seite unseres genetischen Aufbaus erinnern und uns in Selbstbeschränkung üben, einer Einstellung im Einklang mit den Naturgesetzen.

Vielleicht tragen Tomatenpflanzen in der Natur keine 12.000 Tomaten, weil es nicht notwendig ist oder weil es irgendeinen anderen Grund dafür gibt. Die Biotechnologie hat enormes Potenzial, aber wenn wir diese Technologie wirkungsvoll nutzen wollen, ist Selbstbeschränkung unabdingbar. Und das gilt nicht nur für die Biotechnologie, sondern für alle Wissenschaftszweige. Es ist wichtig, bewusst davon abzusehen, gegen die Naturgesetze zu verstoßen, indem wir die natürliche Umwelt zerstören oder die Form von Lebewesen verändern, selbst wenn die Technologie es uns ermöglicht.

Nachdem sie ihre Eier gelegt hat, fliegt eine bestimmte Mottenart mit einer Schutzfärbung so lange umher, bis sie all ihre Energie erschöpft hat und stirbt. Für uns sieht das aus wie Selbstmord, aber durch ihr Handeln verwehrt sie Raubtieren die Chance zu lernen, wie sie andere Motten derselben Art aufspüren können. Eine andere, giftige Mottenart bleibt nach der Eierablage regungslos liegen und wird so zur leichten Beute für Raubtiere. Man geht davon aus, dass diese Motten dadurch Raubtieren vermitteln, dass sie nicht schmackhaft sind, und so ihre Jungen schützen. Obwohl diese ausgewachsenen Motten weiterleben könnten, opfern sie ihr Leben für die Zukunft ihrer Art. Für sie kommt nichts anderes in Frage.

Wir Menschen könnten viel aus diesem Gehorsam gegenüber den Naturgesetzen lernen. Wenn wir das nicht tun, werden wir die Zukunft der Menschheit gefährden, denn wir können niemals erwarten, die Naturgesetze übergehen zu können, egal wie sehr wir es auch versuchen.

Früher fiel es mir schwer zu begreifen, was Menschen meinten, wenn sie über ein Wesen oder eine Kraft sprachen, die die Menschheit übersteigt. Einige nennen es Gott, andere nennen es Buddha. Im Laufe meiner Erforschung der Gene, die nur ein Teil seiner Schöpfung sind, fühlte ich dann selbst seine Existenz und war zutiefst bewegt. Wahre Selbstbeschränkung entspringt dem Wissen von der Existenz von "Etwas Großem", und dieses Bewusstsein kann uns helfen, uns als Menschen ungemein weiterzuentwickeln.

Es gibt vieles, was wir noch nicht über das Leben wissen. Mein Traum ist es, das Wesen des Lebens nicht nur aus wissenschaftlicher Sicht zu erforschen, sondern auch aus einer spirituellen und religiösen Perspektive.

ÜBER DEN AUTOR

Dr. Kazuo Murakami gilt als einer der Top-Genetiker weltweit und ist emeritierter Professor der Universität von Tsukuba, einer von Japans führenden Forschungseinrichtungen. 1963 erhielt er den Doktorgrad für Landwirtschaftliche Chemie der Universität in Kyoto und arbeitete anschließend in der Forschung für Biowissenschaften/Medizin an der Universität in Oregon. 1976 begann er seine Arbeit als Assistenzprofessor an der Vanderbilt-Universität. Im Anschluss daran wurde er 1978 als Professor an die Tsukuba-Universität berufen, wo er mit seinen genetischen Forschungen begann. Bereits 1983 decodierte er das menschliche Enzym Renin – ein Faktor für Bluthochdruck –, was ihm internationale Anerkennung einbrachte. 1990 gewann der den Max Plack-Forschungspreis, und 1994 wurde er Direktor des Tsukuba Advanced Research Alliance Centers an der Universität von Tsukuba. 1996 erhielt er den Japan Academy-Preis für seine Verdienste.

Vadim Zeland

Transsurfing

Realität ist steuerbar

Dieses Buch löste in Russland eine wahre Revolution aus. Die Realität ist steuerbar! Wir alle glauben, wir seien abhängig von den äußeren Umständen – dabei ist es genau umgekehrt! Ihre innere Wirklichkeit kreiert die äußere Realität. So erfüllen sich Wünsche, Träume verwirklichen sich …
Transsurfing ist eine mächtige Technologie zur Realitätssteuerung. Alle, die sich mit Transsurfing beschäftigen, erleben eine Überraschung, die an Begeisterung grenzt. Die Umgebung eines Transsurfers verändert sich beinahe augenblicklich auf eine unbegreifbare Weise.
Das hat nichts mit Mystik zu tun. Das ist real.

232 Seiten, broschiert
ISBN 978-3-89845-154-3
€ [D] 14,90

Vadim Zeland

Transsurfing II

Das Praxisbuch

Unsere Wünsche und Träume gehen nicht in Erfüllung, aber dafür werden unsere schlimmsten Befürchtungen wahr. Doch könnte es nicht auch ganz anders sein? – Durchaus, und in diesem Buch werden Sie erfahren, wie das möglich ist. Transsurfing ist eine Methode zur Steuerung Ihres Lebens, indem alle falschen Beschränkungen einfach gesprengt werden. Sie lernen hier eine völlig neue Art des Denkens und Handelns kennen, durch die es tatsächlich möglich wird, das lang Ersehnte zu erhalten! – Die Umgebung eines Transsurfers verwandelt sich auf unbegreifliche Weise buchstäblich vor dessen eigenen Augen…

240 Seiten, broschiert
ISBN 978-3-89845-201-4
€ [D] 14,90

Anne Givaudan

Gedankenformen und ihre Auswirkungen

Gedankenformen können uns ersticken oder uns dynamisieren – sie erkennen und sich ihrer Rolle bewusst zu werden, das ist der erste Schritt zu einer wahren "Transformation"; diesen Schritt erleichtert dieses Buch mit seinen umfassenden und doch verständlichen Erläuterungen.

208 Seiten, broschiert,
mit Farbteil
ISBN 978-3-89845-237-3
€ [D] 14,90

Claudia Rainville
Metamedizin
Jedes Symptom ist eine Botschaft

Warum bin ich krank? – Dieser Frage geht die Autorin in diesem umfangreich dokumentierten Buch nach und kommt zu dem einfachen, aber weit reichenden Schluss, dass die Symptome einer Krankheit als Botschaften des Körpers zu verstehen sind. Dank der vielen Fallbeispiele aus ihrer über zwanzigjährigen Forschungs- und Therapiearbeit liest sich dieses Buch wie eine spannende Dokumentation zum Thema Gesundheit.

498 Seiten, broschiert
ISBN 978-3-89845-196-3
€ [D] 24,90

Franziska Krattinger
Ein Wort genügt!
... sich einfach umprogrammieren

Die grundlegenden machtvollen Worte, die Ihr Leben verändern werden, finden Sie in diesem Band...
Schalten Sie einfach um! – Manchmal genügt ein einziges Wort, um verborgene Haltungen ans Licht zu bringen oder Einstellungen zu ändern. Dabei gibt es spezielle Worte, die gleichsam eine magische Wirkung haben, da sie die Schlüssel zu unserem Unterbewusstsein sind: Schaltworte.
"Schalten auch Sie einfach um" – und beobachten Sie die Veränderungen in Ihrem täglichen Leben, ohne dass Sie bewusst daran denken oder eine Vorstellung der Lösung haben müssen. Nutzen Sie die Kraft, eine Situation augenblicklich im besten und idealen Sinn zu verändern

160 Seiten, broschiert
ISBN 978-3-89845-152-9
€ [D] 10,90

Elizabeth Clare Prophet
Mantras des Westens

Auf ihre einfache und eindrucksvolle Art führt die amerikanische Bestseller-Autorin die Macht des Wortes in all seinen Nuancen vor, wobei ihre Fallbeispiele jeden noch so skeptischen Leser von der Wirksamkeit des gesprochenen Wortes überzeugen müssen ...

128 Seiten, broschiert
ISBN 978-3-89845-171-0
€ [D] 6,95

Daniel Meurois-Givaudan

Karmische Krankheiten

Erkennen – verstehen – überwinden

Dieses in seiner Art einmalige Buch versteht den Menschen als eine Folge von verschiedenen Reinkarnationen, wobei jede unterschiedliche Spuren hinterlassen hat, die sich im jetzigen Leben als Krankheit manifestieren können und die die traditionelle Medizin weder verstehen noch heilen kann. Ein erfahrener Therapeut mit medialen Fähigkeiten und einem tiefen Verständnis des Menschseins vermittelt hier einen einmaligen Einblick in die Komplexität von Krankheiten.

144 Seiten, broschiert
ISBN 978-3-89845-193-2
€ [D] 12,90

Elizabeth Clare Prophet

Die Violette Flamme

Heilung für Körper, Geist & Seele

Die Violette Flamme ist ein Licht, das allen Lebensformen dient und ihnen Achtung und Würde verleiht. Sie ist ein Mittel, sich untereinander zu verbinden und eine Form spiritueller Energie. Sie ist das Attribut des geheimnisvollen Grafen St. Germain, dessen Botschaften E. C. Prophet unter anderem channelt. Heiler und Alchemisten in aller Welt nutzen diese hochfrequente Energie, um Harmonie und Frieden in diese Zeit des spektakulären Übergangs in ein neues Bewusstsein zu bringen. Der Leser erhält in diesem Band unserer "Kleinen Reihe" das Rüstzeug, um mit der Violetten Flamme zu arbeiten.

128 Seiten, broschiert,
ISBN 978-3-89845-089-8
€ [D] 6,95

Anne Meurois-Givaudan & Dr. med. Antoine Achram

Auralesen und alte Therapien der Essener

Von der Autorin des Bestsellers »Essener Erinnerungen«

Wenige Bücher über das Thema Heilen gehen so weit wie dieses im Bezug auf das Verständnis von Krankheiten, denn hier werden diese als eine Reaktion auf feinstofflicher Ebene interpretiert und auch auf dieser behandelt – ein bemerkenswerter Ansatz zum Verständnis der energetischen Medizin. Eine interessante Einführung in eine vergessene Heiltechnik, die von der Autorin seit vielen Jahren mit großem Erfolg angewandt wird.

238 Seiten, broschiert
ISBN 978-3-89845-194-9
€ [D] 13,90